滨海盐碱地高效利用及丰产增效技术

主编　赵　春　陈壮壮

编委　李宗新　张华文　赵海军　林海涛
　　　高英波　孟维伟　郭　涛

黑龙江大学出版社
HEILONGJIANG UNIVERSITY PRESS
哈尔滨

图书在版编目（CIP）数据

滨海盐碱地高效利用及丰产增效技术 / 赵春，陈壮
壮主编 . —— 哈尔滨 ：黑龙江大学出版社，2023.10
ISBN 978-7-5686-0874-9

Ⅰ．①滨… Ⅱ．①赵… ②陈… Ⅲ．①滨海盐碱地—
农业利用 Ⅳ．① S287

中国版本图书馆 CIP 数据核字（2022）第 173069 号

滨海盐碱地高效利用及丰产增效技术
BINHAI YANJIANDI GAOXIAO LIYONG JI FENGCHAN ZENGXIAO JISHU
赵　春　陈壮壮　主编

责任编辑　陈连生　俞聪慧
出版发行　黑龙江大学出版社
地　　址　哈尔滨市南岗区学府三道街 36 号
印　　刷　廊坊市广阳区九洲印刷厂
开　　本　787 毫米 × 1092 毫米　1/16
印　　张　10.25
字　　数　193 千
版　　次　2023 年 10 月第 1 版
印　　次　2023 年 10 月第 1 次印刷
书　　号　ISBN 978-7-5686-0874-9
定　　价　49.80 元

前言 PREFACE

    盐碱地是我国重要的土地资源，对其进行改造治理和开发利用是保障国家粮食安全的重要途径。盐碱地是盐土、碱土和各种盐化、碱化土壤的统称。我国盐碱地广泛分布在西北、东北、华北及沿海地区。

    水盐运动的频繁发生导致滨海盐碱地的改造治理和合理开发利用具有挑战性。黄河三角洲地区中低产盐碱地有待开发利用。有学者在改良利用盐碱地技术方面投入了大量人力、物力和财力，积累了很多经验和方法，带动中轻度盐碱地粮田增产增效，大幅度提升黄河三角洲粮食综合生产能力，为保障国家粮食安全做出重要贡献。

    本书力求学术性和实用性有机结合，是对盐碱地粮食种植理论和技术的系统总结，目的是给广大读者详解滨海盐碱地的成因、分布、特性、改良方法、作物生长发育特点及其高产高效栽培技术，以期为滨海盐碱地作物绿色高产高效生产提供较通俗的技术指导。全书共有9章，第1章概述了滨海盐碱地的分布、特点以及改良方法，第2章、第3章重点阐述了滨海盐碱地水肥盐调控及多水源高效利用技术，第4章至第7章详细阐述了滨海盐碱地粮食作物的生长发育特点与栽培技术，第8章介绍了滨海盐碱地复合种植模式，第9章介绍了滨海盐碱地林下种植技术；每章后面均附参考文献，供读者进一步查阅和参考。需要注意的是，本书涉及的盐碱地作物种植及生产技术多是以山东东营和滨州为主的黄河三角洲滨海盐碱地为例介绍的，鉴于我国各地盐碱地的类型、特性及生态、气候有很大差异，盐碱地绿色高效开发利用要因地制宜地选择作物种类和种植模式，配套以适宜的栽培技术。希望本书能为从事盐碱地改良和利用的广大科研人员、农技推广人员、农民、新型农业经营主体负责人等提供参考。

    由于编者水平有限，本书未能把滨海盐碱地作物种植技术各方面的知识阐述详尽，且书中涉及大量土壤学、植物营养学、作物栽培学、水利工程学等领域的内容，难免有不妥及疏漏之处，敬请读者批评指正。

CONTENTS

目录

第 1 章
滨海盐碱地概述

盐碱地又称盐渍土，是一种在全球广泛分布的土壤类型，是一系列受盐碱作用的盐土、碱土及各种盐化、碱化土壤的总称。盐碱地在我国分布广泛，热带到寒温带、滨海到内陆、湿润地区到极端干旱的荒漠地区均有大量盐碱地分布。西北、华北、东北及沿海地区是我国盐碱地的主要集中分布区域。

盐碱地理化性质不良，对生长于此的作物会产生不同程度的抑制作用，甚至导致作物死亡，严重影响作物产量。盐碱地面积及质量受人为因素影响强烈，任何不当的农业管理措施都将造成土壤退化；若能合理改良，则有利于提升土壤质量，缩小盐碱地面积。盐碱地是我国主要的中低产土壤类型之一，也是我国重要的后备土地资源，因此，防止耕地盐碱化及合理改良利用盐碱地是破解目前耕地不足难题、保障我国粮食安全的重要途径。滨海盐碱地是盐碱地类型的一种，具有形成时间短、肥力低、盐分大、水位高、水盐运动频繁、改良效果易反复等特点，一直是盐碱地改良的重点和热点。

1.1 我国盐碱地概述

1.1.1 我国盐碱地的土壤类型与分区

1.1.1.1 我国盐碱地的土壤类型

根据土壤分类原则和盐碱地发生特点，我国盐碱地分为盐土和碱土，其中，盐土可分为滨海盐土、草甸盐土、潮盐土、典型盐土、沼泽盐土、洪积盐土、残余盐土和碱化盐土，碱土可分为草甸碱土、草原碱土、龟裂碱土和镁质碱土。我国盐碱地的土壤类型如表 1-1 所示。

表1-1 我国盐碱地的土壤类型

区域	省（自治区、直辖市）	盐碱地的土壤类型	
		盐土	碱土
长江以北	黑龙江	草甸盐土、沼泽盐土	草甸碱土
	吉林	草甸盐土、沼泽盐土、碱化盐土	草甸碱土
	辽宁	草甸盐土、滨海盐土、潮盐土、沼泽盐土、碱化盐土	—
	内蒙古	草甸盐土、碱化盐土、潮盐土、沼泽盐土、典型盐土	草甸碱土、草原碱土、龟裂碱土
	宁夏	草甸盐土、潮盐土、沼泽盐土、残余盐土	龟裂碱土
	甘肃	草甸盐土、碱化盐土、潮盐土、沼泽盐土、典型盐土	镁质碱土
	新疆	草甸盐土、沼泽盐土、典型盐土、残余盐土、潮盐土、洪积盐土	龟裂碱土、镁质碱土
	陕西	草甸盐土、潮盐土、沼泽盐土、残余盐土	—
	河南	潮盐土、草甸盐土	草甸碱土
	山东	滨海盐土、沼泽盐土、潮盐土	—
	山西	碱化盐土、潮盐土	镁质碱土、草甸碱土
	河北	草甸盐土、沼泽盐土、典型盐土、残余盐土、潮盐土、洪积盐土	—
	天津	滨海盐土、潮盐土	—
长江贯穿	青海	沼泽盐土、典型盐土、洪积盐土、残余盐土	
	江苏	滨海盐土	草甸碱土
	上海	滨海盐土	—
	西藏	草甸盐土	龟裂碱土
长江以南	浙江	滨海盐土	—
	广西	滨海盐土	—
	广东	滨海盐土	—
	福建	滨海盐土	—
	海南	滨海盐土、潮盐土	—
	台湾	滨海盐土	—

滨海盐碱地的土壤类型主要是滨海盐土。滨海盐土是滨海地区盐碱性母质经过以海水浸渍和溯河倒灌为主要盐分补给方式的积盐过程发育的土壤。在全国第二次土壤普查中，将滨海盐土划分为盐土类的一个亚类，滨海盐土又可细分为滨海盐土、滨海沼泽盐土、滨海潮滩盐土 3 个亚类。滨海地区土壤表层（0~20 cm）含盐量超过 0.8% 即划为滨海盐土，含盐量小于等于 0.8% 即划为盐化潮土。由此可见，滨海盐碱地并不是一个完整的土壤类型概念，更多地体现为地域概念，泛指受海水浸渍和溯河倒灌等积盐过程影响的土地。

1.1.1.2　我国盐碱地的分区

盐碱地的形成与成土母质、气候、地形、水文条件、人类活动等密切相关。我国幅员辽阔，气候多样。大面积的盐碱地主要分布于干旱、半干旱地区，沿海地带，以及地势较低、径流较滞缓（或较易汇集）的河流冲积平原、盆地、湖泊沼泽地区。根据土壤化学性质，可将我国盐碱地分为：一是滨海湿润 - 半湿润海水浸渍盐渍区；二是东北半湿润 - 半干旱草原 - 草甸盐渍区；三是黄淮海半湿润 - 半干旱耕作草甸盐渍区；四是蒙古高原干旱 - 半漠境盐渍区；五是黄河中下游半干旱 - 半漠境盐渍区；六是甘肃、内蒙古、新疆干旱 - 漠境盐渍区；七是青海、新疆极端干旱半漠境盐渍区；八是西藏高寒半漠境盐渍区。

1.1.2　滨海盐碱地的分布

滨海盐碱地在沿海各省、自治区、直辖市几乎均有分布，但其特征、面积随海岸线长短、海岸类型的不同存在很大差异。长江以北的沿海地区多为平原海岸，滩涂面积较大，因此滨海盐碱地多呈片状大面积分布；长江以南地区多为基岩海岸，滨海盐碱地多呈斑状或窄条状分布。我国大部分次生盐土属于潮盐土，主要受地下水、地表水、人为活动等影响，一般分布于主要灌区内，尤其在黄淮海冲积平原分布最广泛。长江以北的沿海平原地区是我国最大的滨海盐碱地分布区。

江苏省盐碱地面积较大，该地江河泥沙入海后，海潮顶托，淤积成陆，海水中盐分积累于土中，加之近年来人为大量抽取地下水，导致海水倒灌，大面积次生盐碱地也由此而生。山东、河北等土壤亦呈现盐碱化趋势，这些省份地处黄河、淮河、海河冲积平原，土壤中砂壤土及壤土含盐量较高，原因是土壤质地轻、毛细管空隙大、水分上升较快；黄淮海平原地下水位较高，盐分上升至地表的时间短，加速了土壤盐碱化；春季干旱多风，冬季寒冷干燥，造成土壤表层积盐，降水主要集中于夏中秋初，且多以暴雨的形式集中出现，致使积盐、脱盐在一年内反复进行。

1.2 滨海盐碱地的特点

1.2.1 滨海盐碱地气候特点

黄河三角洲是滨海盐碱地分布较集中的地区。黄河三角洲地处中纬度，属于暖温带半湿润大陆性季风气候区。基本气候特征：冬寒夏热，四季分明；春季干旱多风，早春冷暖无常，常有倒春寒出现，晚春回暖迅速，常发生春旱；夏季炎热多雨，温度高，湿度大，有时受台风侵袭；秋季气温下降，雨水骤减，天高气爽；冬季天气干冷，寒风频吹，雨雪稀少，主要有北风和西北风。

1.2.2 滨海盐碱地地形与地貌

滨海盐碱地多分布在黄河、海河、淮河、长江等诸河的尾闾，多属海拔高程 10 m 以下的滨海平原和滩涂。在渤海沿岸，地面比降为 1/10 000~1/7 000，局部甚至为倒比降。滨海平原微地貌大致可分为滨海微斜平地、浅平洼地、决口扇形地、古河床高地。由于海拔、地面比降较低以及地下水径流排泄不畅，地下径流几近停滞，周期性的潮汐使海水浸渍倒灌，范围可达 10~20 km，因此该地的土壤和地下水含盐量较高。

黄河三角洲是典型的扇形三角洲，属河流冲积物覆盖海相层的二元相结构，地势低平，海拔高度为 1~13 m，西南高，东北低，自然比降为 1/12 000~1/8 000。由于黄河三角洲新堆积体形成以及老堆积体反复淤淀，因此黄河三角洲平原大平、小不平，微地貌形态复杂，主要的地貌类型有河滩地（河道）、河滩高地与河流故道、决口扇与淤泛地、平地、河间洼地与背河洼地、滨海低地与湿洼地以及蚀余冲积岛和贝壳堤（岛）等。黄河三角洲是由黄河多次改道和决口泛滥而形成的岗、坡、洼相间的微地貌形态，分布着砂土、黏土不同的土体结构和盐化程度不一的各类盐碱地。这些微地貌控制着地表物质和能量的分配以及地表径流和地下水的活动，形成了以洼地为中心的水、盐汇积区，是造成"岗旱、洼涝、二坡碱"的主要原因。滨海盐碱地微地貌盐分积累差异如图 1-1 所示。

图 1-1 滨海盐碱地微地貌盐分积累差异

1.2.3　滨海盐碱地植被特点

植被群落的种类、分布与土壤盐碱状况密切相关，积盐最严重的滨海盐土为光板地。植被群落生长能力由强到弱的顺序是：稀疏黄须菜群落、盐蒿群落、獐毛群落、茅草群落。在海边滩涂上分布最多的是稀疏黄须菜群落，其中鹿角黄须菜可以生长在含盐量为 6% 的土壤中。从海边滩涂向内陆依次分布着以盐蒿和碱蓬为主的盐蒿群落，以马绊草、碱蔓菁、柽柳为主的獐毛群落、茅草群落。茅草群落的土壤盐碱程度较低，在合理规划后，土壤可以垦殖。盐生植被减少了地面蒸发，降低了积盐程度，可以减缓地表径流，促使水分下渗淋洗盐分，可以增加土壤的生物积累，提高土壤肥力。不同的盐生植被群落之间存在演替现象。随着环境条件的改变，土壤的积盐程度发生变化，群落也开始演替。

1.2.4　滨海盐碱地水文地质特点

滨海地区处于陆地和海洋的过渡地带，地下水运动趋向平缓，在一定条件下处于水平停滞状态。滨海盐碱地的地下水具有以下特点：①地下水埋深一般为 $1\sim2\,m$，很少超过 $3\,m$，水平运动微弱，蒸发与垂直补给强烈。②潜水矿化度高。③水化学类型均为氯化物钠型和氯化物钠镁型，与海水化学类型一致，Cl^- 占阴离子总量的 $80\%\sim90\%$，Na^+ 占阳离子总量的 $70\%\sim80\%$。④随着潜水矿化度的增减，各阴离子含量也相应变化，其中 Cl^- 和 HCO_3^- 变化较显著，阳离子相对比例较稳定，$(K^+ + Na^+)$、Mg^{2+}、Ca^{2+} 百分含量的比值约为 $7:2:1$；当矿化度增大时，氯化镁含量增加；当矿化度减小时，Na^+ 相对含量并不减少，但 HCO_3^- 百分含量相对增加，因而，可能出现含 $NaHCO_3$ 的碱性水。

地下水的形成大致有 3 种途径，即埋藏海水、现代海水蒸发浓缩和降水渗入淡化，前两者均为高矿化度水。滨海地区的地下水矿化度和化学类型受海水、沉积土层的影响。以黄河三角洲滨海盐碱地为例，黄河三角洲位于渤海沿岸，属缓慢沉降区，黄河沉积物塑造了广阔的滨海平原和滩涂，为赋存海水创造了条件。渤海沿岸地势平坦。当潮水在宽广的潮间带往复涨落时，海水中的盐分随之浸渗到潮间带的堆积层中；当退潮时，潮间带裸露，堆积层中的地下水通过地面蒸发而浓缩。地下水经过长期的强烈蒸发浓缩、土层积盐、淋盐、海水盐分不断补给等复杂过程，逐步形成高矿化度地下水。

1.3 滨海盐碱地积盐

1.3.1 积盐过程

盐碱地的形成过程主要有现代积盐过程、残余积盐过程和碱化过程，滨海盐碱地的形成主要与现代积盐过程有关。在干旱、半干旱气候和强烈的地表蒸发作用下，地面水、地下水、母质中含有的可溶盐类通过土壤毛细管水的垂直和水平运行向地表累积，这是现代积盐过程较典型的形式。现代积盐过程又有以下几种情况。

1.3.1.1 海水浸渍影响下的积盐过程

我国沿海各省、市、自治区漫长的滨海地带和岛屿四周广泛分布着各种滨海盐碱地。滨海盐碱地的盐分主要来自海水，积盐过程先于成土过程是滨海盐碱地独有的特点。滨海盐碱地不仅表层积盐重，而且整个剖面含盐量也很高，地下水的矿化度高；土壤、地下水的盐分组成和海水一致，除少数酸性滨海硫酸盐盐碱地外，均以氯化物占绝对优势。

1.3.1.2 地下水影响下的积盐过程

除洪积盐碱地外，不良的地下水状况是引起积盐过程的根本原因。离海岸线较远的滨海盐碱地的积盐强度受地下水埋藏深度、矿化度、气候干旱程度、土壤性质的影响，地下水埋藏深度是决定因素，而地下水埋藏深度又受地形地貌影响。地下水影响下的积盐过程特点是：土壤表层明显积盐，心底土含盐量自上而下明显递减。土壤上部强烈积盐层的含盐量和厚度随气候干旱程度的增加而增加。

1.3.1.3 地下水和地面渍涝水影响下的积盐过程

除了地下水，地面渍涝水也明显影响积盐过程。地面渍涝水不仅恶化地下水状况，还可通过土壤毛细管侧向运动直接影响积盐过程。这种积盐过程形成的盐碱地有明显的特点，即土壤盐分的表聚性特别强。盐分在整个土壤剖面中的分布呈哑铃形，两头高，中间低，地表有极薄的积盐层；含盐量为1%~2%，甚至达3%~5%；心底土含盐量一般小于0.1%或为0.1%~0.2%，极少超过0.3%。在地下水和地面渍涝水含盐量均较低的情况下，地表土壤积盐层富含氯化物。

1.3.2 积盐特点

滨海盐碱地积盐具有如下特点。①积盐受气候影响。当气候干燥时，水分蒸发，土壤下部的可溶性盐移动到土壤表层，表现为土壤盐分积累；当气候湿润多雨时，土壤表层的盐分随着雨水向土层深层移动，表现为土壤盐分淋溶。我国地域广阔，不同地域气候迥异，土壤盐分积累存在差异。②积盐受地域影响。我国北部滨海盐碱地与中部滨海盐碱地土壤盐分积累与淋溶交替进行，受降雨和干燥度影响，北部滨海盐碱地土壤盐分以积累为主；中部滨海盐碱地土壤盐分淋溶略大于积累，一般表层有盐结皮；南部滨海盐碱地土壤盐分以淋溶为主。盐分类型主要为氯化物和酸性硫酸盐，其中北部滨海盐碱地以氯化物占绝对优势。

1.3.3　影响积盐的因素

1.3.3.1　气候

气候是影响积盐的主要因素，其中以降水和地面蒸发强度与积盐的关系较密切。降水季节性分布不均导致土壤中水盐的上行运动与下行运动、表土积盐过程与脱盐过程的季节性变化。易溶盐在土壤–潜水中频繁转移交换，一年中呈现积盐–脱盐–积盐的过程。以黄河三角洲滨海盐碱地为例：春季降水较少而蒸发强烈，潜水中的盐分随毛细管水上升到表土，水去盐留，表土盐分增加，是一年中盐分积聚的高峰期；夏季是一年中降水集中和土壤脱盐的季节，在雨季到来前经过春季的强烈蒸发，潜水位达到一年中的最低位，有利于土壤脱盐，是土壤淋溶脱盐阶段；秋季气温下降，降水减少，但雨季刚过，潜水位较高，表土盐分积聚，形成第二个盐分积聚高峰；冬季虽然降水少，蒸发较大，但上层土壤处于冻结期，土层冰冻深度一般为 30 cm 以上，土壤中的水分主要以气态形式向上层转移凝结，盐分运动基本停止，表土盐分处于蒸发稳定阶段。降水量和蒸发量的比值（简称蒸降比）反映了一个地区的干湿情况，同时也反映该地区的土壤水分状况及土壤积盐情况。黄河三角洲滨海盐碱地土壤含盐量与蒸降比显著正相关，呈幂函数关系。蒸降比越大，土壤含盐量越高；蒸降比越小，土壤含盐量越低。

1.3.3.2　成土母质、土壤质地、土体构型

滨海盐土的成土母质与区域地质条件有关。以黄河三角洲为例，山东省渤海沿岸均为泥质海岸，黄河夹带大量泥沙入海，当黄河沉积物还处于水下堆积阶段时，黄河沉积物被海水浸渍成为盐渍淤泥，即滨海盐土在经历成土过程之前其成土母质已经历地质积盐过程；当盐渍淤泥脱离海水成陆后，可能受到黄河尾闾漫流沉积物的覆盖，在大气蒸发强烈而降水较少的条件下，高矿化度的地下水通过蒸发不断向土壤补充盐分，海水入侵或溯河倒灌都加剧了积盐过程。

不同的土壤质地有不同的毛细管性状，因此土壤质地决定了土壤毛细管水上升高度和上升速度，以及水的入渗性能，从而直接影响地下水蒸发的速率和水盐动态特征。一般情况下，从砂壤土到黏土，土壤质地越黏重，土壤含盐量越低，土壤盐碱化程度越轻。黄河沉积物以粉砂、粉砂质壤土为主，毛细管作用强烈，也促进了盐分积累。鲁东和鲁东南沿海为岩石海岸，滨海盐土的母质为流程较短的季节性河流沉积物，质地较粗且不均一，毛细管作用弱，发育的滨海盐土一般含盐量也较低。

土体构型影响作物的生长发育、土壤肥力状况、水盐的上下运行规律。砂体土壤含盐量较高，土壤盐碱化程度较重。黄河三角洲在成土过程中多次受黄河泛滥冲刷，夹砂、夹黏位置有心、腰、底之分，层次厚薄不等，形成了较复杂的剖面层次。不同土体构型的砂、黏结构状况决定着土壤毛细管孔隙、非毛细管孔隙等物理性状，直接影响着土壤中水盐的垂直运动。

1.3.3.3 地形地貌

滨海盐土主要分布在滨海微斜平地、浅平洼地边缘和滩涂。地形地貌不仅影响土壤的水热状况，也控制着土壤水盐运动的方向、强度，进而决定着滨海盐土的发育和分布。在小范围内，微地形的变化也会引起盐分的再分配；在微小起伏的地形上，当降雨或灌水时，低处积水多，淋溶作用强，高处受水少，而且蒸发作用强，水分由低处向高处不断补给，盐分在高处积聚。在土壤透水性不良的情况下，含一定盐分的水从高处流向低处，水分蒸发，盐分在低处积累，土壤盐碱化加重。通常情况下，微地形环境条件复杂，土壤含盐量存在较大差异。

1.3.3.4 地下水

地下水在盐碱化土壤的发育演变过程中具有重要作用，盐土的形成与地下水位高、矿化度高、地下水中盐分经蒸发浓缩使土壤含盐量增加有关，因此，地下水埋深和地下水矿化度对土壤含盐量的垂直和水平运动规律、对土壤的形成演变和利用方面起着重要的作用。

高矿化度地下水通过蒸发不断向土壤补充盐分，从而影响土壤积盐。土壤盐分状况与地下水矿化度有一定的相关性，以黄河三角洲滨海盐碱地为例，土壤含盐量与地下水矿化度显著正相关，且呈指数函数关系。表现出的规律为：地下水矿化度越高，土壤含盐量越高；地下水矿化度越低，土壤含盐量越低。

地下水埋深反映了地下水通过蒸发向土壤补充盐分的能力。在成土母质、地形地貌、气候、植被类型、地下水矿化度相同的条件下，地下水埋深越深，土壤含盐量越低；埋深

越浅，土壤含盐量越高。以黄河三角洲滨海盐碱地为例，土壤含盐量与地下水埋深显著
负相关，呈幂函数关系。

1.3.3.5　植被

植被的形成、发展和演替与所在地区的土壤条件密切相关，并互相影响，因此，根
据植被的分布，一般可以判断土壤盐碱化程度的高低。以黄河三角洲滨海盐碱地为例，
农用地土壤含盐量明显低于未利用地。植被正常生长所需的土壤含盐量从大到小为碱蓬＞
柽柳＞马绊草＞芦苇＞白茅＞高粱＞棉花＞水稻＞冬小麦＞玉米，自然植被正常生长所需的
土壤含盐量高于栽培作物。有植被覆盖的土壤含盐量明显低于裸露的光板地，说明植被
能够减弱土壤的蒸发，有效减少地表积盐。一方面，植被能够增加土壤覆盖度，减少土
壤水分地表蒸发，有利于较少积盐；另一方面，绿色植物可将土壤、水和大气中的营养元
素进行选择性的吸收，在太阳能的作用下，制造有机物质，累积在土壤中，改变土壤的
理化性状。覆盖度大的土壤生物积累作用大，土壤有机质含量高，土壤水分由作物蒸腾
取代地表蒸发，因此盐分较少被带到地表，减轻了盐碱化的危害。有研究表明，土壤含
水量与植被覆盖度（植被冠层的垂直投影面积与土壤总面积之比）显著负相关，且呈对
数函数关系，覆盖度越大，土壤含盐量越低。

1.3.3.6　人类活动

人类活动会导致土壤发生一系列变化，尤其在黄河三角洲地区，土壤开垦利用时间
比较晚，随着农田水利建设、施肥和耕作制度的改变，土壤发生了很大的变化。人类不
合理的生产活动会导致土壤盐分的积聚，如引用黄河水灌溉、灌排水利工程不配套、用
水管水制度不健全、重灌轻排、修筑水库、大蓄大灌导致大量黄河水渗入地下等，引起
了部分地区的潜水位升高，造成了土壤的次生盐碱化。大面积的毁林毁草、开荒垦种也
导致土壤盐碱化。耕作粗放造成土地不平、土壤有机质含量下降等，进而可能导致强烈
的积盐作用。与此相反，人类合理的生产活动有助于土壤脱盐和土壤不良性状消除。例
如：合理的灌溉可以达到蓄淡淋盐的效果；增施有机肥可以有效地改善土壤结构，阻碍水
盐上升，降低临界深度，减轻土壤盐碱化。另外，精耕细作、平整土地也可减缓地表蒸发，
从而减缓地表积盐。

1.3.3.7　综合影响

各种因素对积盐的影响是交织在一起的，例如地面高程、地形地貌、潮位、离海岸
线远近、植被、潜水（如埋深、矿化度、水化学类型）、土壤类型等。在这些因素的综合
影响下，滨海盐碱地形成了独特的盐分分布与组成格局。各种因素对滨海盐碱地积盐的

影响程度存在差异，表现为地下水矿化度>植被覆盖度>潜水埋深>土体黏粒含量>离海岸线远近>相对高程。

1.4 滨海盐碱地的改良

1.4.1 盐碱地改良发展历程

我国非常重视盐碱地的改良，至今共经历如下阶段：一是勘测垦殖和水利土壤改良阶段；二是农水结合，防治次生盐碱化阶段；三是综合治理，巩固提高阶段。

第一阶段是从新中国成立到 20 世纪 50 年代末。这一阶段主要开展了盐碱地资源的大规模考察、勘测垦殖、改良和利用的实践，种植水稻、建立明沟等排水设施对改良东北盐碱地有较好效果。种植水稻是改良盐碱地较好的措施，但会造成盐碱"搬家"、旱地盐化，极易迅速返盐。在黄河三角洲地区，有学者提出引用黄河水灌溉，灌排水利工程不配套、用水制度不健全、重灌轻排、修筑水库、大蓄大灌导致大量黄河水渗入地下，引起了部分地区的地下水位升高，造成了土壤的次生盐碱化。

第二阶段是从 20 世纪 60 年代初到 70 年代初。在这一阶段，土壤科学工作者针对次生盐碱化的困扰和危害，加强了地下水临界深度及其控制、灌溉渠系的布置和防渗、明暗沟和竖井排水技术等方面的研究，减轻和消除次生盐碱化的危害。这些工作者还研究建立了围埝平种、沟洫台田、引洪漫淤、冲沟播种、深耕浅盖、绿肥有机肥培肥改土、选耐盐品种、生物排水等农林技术措施。这一阶段解决了生产问题的同时，也很好地解决了盐碱地研究中的一些科学问题。

第三阶段是从 20 世纪 70 年代中期至今。20 世纪 70 年代以后，我国启动了多项与旱涝盐碱综合治理相关的国家科技攻关项目，如黄淮海平原中低产地区的旱涝盐碱综合治理。盐碱综合治理实践及相关科学研究工作对我国北方各种盐碱地和中低产地区产生了广泛影响，推动了我国盐碱地及其改良工作发展。治理实践和科学研究使人们认识到，应该以现代科学理论和技术为指导，根据不同条件，建立相应的综合治理模式，推动盐碱治理工作的开展，因此，这一阶段盐碱地治理采取多目标综合的方式，在改善水盐状况的基础上，运用生物措施和农业措施，实行综合治理、农林牧综合发展。我国在黄淮海不同类型区建立了多个综合治理实验站。新疆膜下滴灌、宁夏引黄灌溉、内蒙古咸淡水轮灌等措施均在盐碱地综合治理和发展上取得了丰硕成果。

进入 21 世纪以来，随着农业发展速度的加快和土地资源开发利用强度的提高，一些地区原有的盐碱化问题加剧，同时还出现了一些新的盐碱化问题。在灌溉区扩展、节水灌溉技术大面积应用、设施农业技术推广应用、绿洲开发、劣质水资源利用、沿海滩涂资源开发、后备土地资源开发利用以及大型水利工程建设过程中，有关盐碱地资源的利用、管理以及盐碱化的防控等方面的研究与技术研发工作受到了科技工作者的广泛重视，这些科技工作者在不同条件下盐碱地资源的优化管理、盐碱障碍的修复与调控、水盐动态和土壤盐碱化时空规律评估、土地资源高强度利用条件下盐碱化的防控等方面取得了一系列研究成果，为我国盐碱地分布区农业可持续发展、水土资源高效利用和生态环境改善做出了重要贡献。

1.4.2　盐碱地改良的主要措施

1.4.2.1　水利工程改良

（1）水利改良

经过长期的研究和实践，人们对通过水利措施防治土壤盐碱化的重要性已有清楚的认识。20 世纪 50 年代末到 60 年代，盐碱地治理侧重水工措施，以排为主，重视灌溉冲洗。20 世纪 70 年代开始强调多种治理措施相结合，逐步确立了"因地制宜、综合防治"和"水利工程措施必须与农业生物措施紧密结合"的原则和观点。20 世纪 60 年代中期，成功推广了应用机井（群）进行排灌的措施。这些措施在降低地下水位、将地下水位控制在临界深度以下等方面起到了重要作用。20 世纪 70 年代，我国北方部分地区采用"抽咸换淡"的方法。20 世纪 80 年代末期，山东省禹城市采用了"强排强灌"的方法改良重度盐碱地，在强灌前预先施用磷石膏等含钙物质以置换出更多的 Na^+，然后耕翻、耙平，强灌后采取农业措施维持系统稳定。21 世纪，为了避免大水漫灌引起土壤返盐，有学者将微灌用于盐碱地改良。有研究表明，定额喷灌有利于滨海盐碱地表层（0~20 cm）土壤脱盐，灌溉量越大，脱盐效果越明显，在滴灌条件下，采用钙肥–清水–钙肥三段式灌溉施肥方式有利于土壤脱盐。

（2）工程改良

水利措施虽被认为是改良盐碱地行之有效的方法，但是在旱地农业中是不经济的。这是由于，一方面要冲洗土体中的盐分，另一方面还要控制地下水位的上升，不致引起土壤返盐，这就必须具备充足的水源和良好的排水条件，做到灌排相结合。用于建立水利措施和维护的费用较高，基于此，有学者将暗管排盐技术和上农下渔、台田–浅池综合治理模式用于治理重度盐碱地。

1.4.2.2 农艺改良

（1）耕作施肥

研究表明，整地深翻、适时耕耙、增施有机肥、合理施用化肥、躲盐巧种等是改良盐碱地的有效措施。平整土地是改良土壤的一项基础工作，地平能够减少地面径流并提高伏雨淋盐和灌水脱盐效果，同时能防止洼地受淹、高处返盐，也是消灭盐斑的有效措施。畜禽粪、枯枝落叶等有机物料来源广、数量大，可以通过坑沤、堆制等腐熟后施入土壤，也可通过机械粉碎直接还田，增加土壤有机质，提高肥力和缓冲性能，降低含盐量，调节pH值，减轻盐害。20世纪70年代末，有学者提出在盐碱地区建立"淡化肥沃层"，即在不减少土体盐储量的前提下，通过提高土壤肥力，以肥对土壤盐分进行时、空、形的调控，在农作物主要根系活动层建立一个良好的肥、水、盐生态环境，达到持续高产稳产的目的。有学者提出"以排水为基础，以培肥为根本"的观点，强调种植绿肥、秸秆还田、施用厩肥等农业措施，调控土壤水盐，进行综合治理。

（2）地膜覆盖

地膜覆盖及其他生物质（如秸秆）材料覆盖均能减少土壤水分蒸发，减缓或防止土壤盐分表聚，降低土壤含盐量，对增进土壤脱盐、控制土壤返盐、促进作物生长、增加产量有良好效果。地膜覆盖既能减缓土壤盐碱危害，又能增加作物产量，但是，地膜覆盖只是暂时把盐分控制在土壤深层，未能从根本上排除，从而存在返盐的潜在危险，需继续加强后期科学管理。

（3）铺设隔盐层

耕作层下铺设隔盐层也是盐碱地改良的有效措施。在地下水水位较高的地区，在土体一定深度内埋设一定厚度的秸秆隔层，可以提高隔层上部土壤含水率，促进盐分淋洗，抑制土壤蒸发，阻隔盐分上行，减轻盐分表聚。

1.4.2.3 物理改良

有学者以沸石为土壤改良剂，沸石是一种具有强吸附力和离子交换力的土壤改良材料，可起到保肥、供肥、改良盐碱地物理性质的作用。施用沸石可减少土壤中的盐分，降低碱化度，缓冲土壤pH值。有学者使用间歇电流处理高盐度的海成黏土，辅以预加压固结处理，可以使土壤抗剪切性增加45%、土壤含水量减少约25%，降低土壤含盐量。用磁化水灌溉盐碱地可提高土壤脱盐率，节省灌溉水量。

1.4.2.4　化学改良

化学改良剂主要有如下作用：一是改善土壤结构，加速脱盐排碱过程；二是改变可溶性盐基成分，增加盐基代换容量，调节土壤pH值。强碱性苏打盐碱土中添加硫酸铝后，土壤溶液pH值明显下降，Ca^{2+}、Mg^{2+}、K^+、Na^+质量浓度明显增加，土壤的吸水量和吸水速度、毛细管水上升高度和速度明显提高，土壤大粒径团聚体数量明显增多，土壤容重变小，孔隙度增大。磷石膏可降低土壤pH值和碱化度，增加土壤团聚体数量，改善通透性，增加黏壤土的渗透速度，提高P、Ca等植物生长所需的营养元素含量。泥炭和风化煤具有提高土壤孔隙度、降低土壤剖面、降低pH值、降低碱化度、增加养分、增强酶生物学活性等作用。糠醛废渣能提高土壤肥力，降低碱化度，提高土壤中可溶性Na^+和K^+的质量浓度，促进盐害离子向下淋洗。改良剂与石膏配施效果比单施改良剂好，其中腐殖酸与石膏配施的改良效果最佳。研究表明，采用石膏与牛粪、秸秆、保水剂配合施用改良滨海盐碱地效果较好。当用碱性淡水淋盐时，施用以脱硫石膏为主要材料并添加天然有机类物质支撑的土壤改良剂可以达到盐碱化土壤迅速脱盐并防止碱化的效果。

1.4.2.5　生物改良

植树造林或种植盐生植物有如下作用：一是覆盖土壤的作用，将在一定程度上减少水分蒸发，抑制盐分上升，控制土壤返盐；二是植物的蒸腾作用，降低地下水位，控制盐分向地表积聚；三是植物根系生长可改善土壤物理性状，根系分泌的有机酸及植物残体经微生物分解产生的有机酸还能中和土壤碱性，植物的根、茎、叶经过微生物分解后能改善土壤结构，增加有机质，提高肥力。种植耐盐牧草可以通过带走盐分来降低表层土壤盐分。种植绿肥（如田菁、草木樨、紫花苜蓿）不仅可以降低土壤表层含盐量，还能增加土壤有机质和全氮含量，提高土壤肥力。我国辽宁、河北、山东等地利用水稻、柽柳、白蜡、国槐、豆科灌木、碱蓬、西伯利亚白刺、杜梨、银水牛果、中亚滨藜、碱茅（星星草）、沙枣、小胡杨等植物的耐盐性改良滨海盐碱地。

1.4.3　滨海盐碱地综合改良技术

盐碱地形成条件差异大，对植物危害严重，故改良盐碱地应遵循"因害设防，因地治理"的原则，采取相应的技术措施，以便获得较好的改良效果。多年来，我国强调采用综合措施改良盐碱地，即将物理、化学、生物等方法相融合。

根据土壤含盐量（百分比），有学者将盐碱地分成5类：脱盐化（<0.1%）、轻度盐碱化（0.1%~0.2%）、中度盐碱化（0.2%~0.4%）、重度盐碱化（0.4%~1.0%）、盐土

（>1.0%）。笔者将根据土壤盐碱化程度提出相对应的改良技术。

1.4.3.1 重度盐碱化滨海盐碱地的改良 —— "台田－浅池"综合改良技术

重度盐碱化滨海盐碱地一般地势较低，地下水水位较高，地下水矿化度较高，受季节性水盐运移影响明显。这类盐碱地若不采用工程和灌排措施，则很难改良。改良这类盐碱地的关键是增加高程，降低地下水水位，切断上层土壤与地下水的联系，通过灌排措施进行淋盐排盐，以降低耕层土壤含盐量。"台田－浅池"综合改良技术可用于改良重度盐碱化滨海盐碱地（图1-2）。

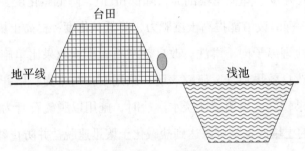

图1-2 "台田－浅池"综合改良技术模式

（1）"台田－浅池"综合改良技术理念

"台田－浅池"吸取基塘系统研究与实践成果，应用地理学、农学等科学原理，构建"挖浅池、筑台田、上粮下渔、冬冻夏养、改土洗盐、综合利用"的海冰淡化-土壤改良-种植养殖综合利用模式。该技术改变了当地的农业生产环境，打破了由区域气候季节性变化特征与地下水矿化共同导致的旱、涝、盐碱共生共存的现象，利用生态工程措施实现海冰水高效安全灌溉下的台田耕层土壤快速降盐，可以发展高效种植养殖模式，通过滨海盐碱地利用模式的变化驱动土地利用结构和格局优化，最终实现生态友好、生产高效的区域土地资源可持续利用。

（2）"台田－浅池"综合改良技术科学原理

"台田－浅池"是工程措施、灌排措施与化学、农艺、生物改良措施相结合的综合改良技术模式。工程措施：修建台田可以提高地表高度，相对降低地下水位，从而减缓地下咸水中盐分通过土壤毛细管向地表输送，减弱高矿化度地下水对台田表面土壤积盐的影响。开挖浅池可以提供水产养殖场所，在冬季提供咸水冰资源，通过咸水冰覆盖台田后融化出的水淋洗土壤盐分。冬季台田覆冰是利用海冰重力脱盐后产生的大量淡水增加洗盐水量（咸水的低温结晶过程使形成的冰体盐度远低于水体），提高脱盐效果，并在一定程度上提高土壤含水量。灌溉措施：台田底部采用弧形覆膜＋埋设排盐暗管，结合海冰水进行排盐。化学改良措施：为了防止土壤淋洗后发生碱化，当进行冬季覆冰时，配施石膏，进而降低Na⁺含量和pH值。农艺改良措施：平整土地、秸秆还田、增施有机肥、改善土壤结构、培肥地力。生物改良措施：种植玉米、甜高粱、紫花苜蓿、棉花以及其他耐盐植物，带走土层中的盐分。

（3）"台田－浅池"综合改良技术要点

台田表面通常高于原地表1.7 m以上，形成的浅池通常水深1.5~1.7 m。排盐措施为台田底部铺设弧状膜＋暗管处理。暗管距台田底部1.2 m，采取底层衬膜隔盐，衬膜厚度为0.1 mm，尽量设计成弧形，塑膜上按照0.5 m间距加设沥水排盐暗管，"台田－浅池"综合改良技术要点如图1-3所示。在黄河三角洲滨海盐碱地冬季采冰，采冰标准为冰厚10 cm，平均每年可采冰3次。冬季在进行咸冰水覆盖台田表面的同时覆盖无纺布，为防止土壤淋洗后发生碱化，在覆冰的同时配施石膏。

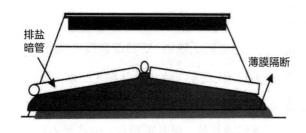

（a）

（b）

图1-3　"台田－浅池"综合改良技术要点

（4）"台田－浅池"综合改良技术效果

研究表明：底部弧形覆膜＋埋设排盐暗管是排盐效果较好的排盐措施，1 m土体的脱盐率达35.6%，脱盐特征为表层＞1 m 土体＞耕作层。淤泥质盐碱地台田脱盐效率达

47%，结合海冰水灌溉，7~8月，台田排盐效果较好，耕作层的排盐贡献率达138.9%；冬季咸水冰覆盖台田表面可以产生较好的盐碱地脱盐效果，随着冰体融化，大量土壤盐分被排出，在冰体覆盖无纺布控温条件下，台田土壤表层（0~20 cm）脱盐率最高达72.4%，含水率增加68.5%，土壤中下层（60~100 cm）脱盐率最高可达47.2%。

1.4.3.2 中度盐碱化滨海盐碱地的改良 ——"多级阻控淡化 – 快速增碳肥沃耕层"综合改良技术

中度盐碱化滨海盐碱地一般地势相对较高，地下水水位较高，地下水矿化度较高，受季节性水盐运移的影响明显。这类盐碱地一般能种植一些耐盐植物（如高粱、夏玉米等），若采用工程措施和灌排措施，则投资较大，一般农户难以承受，特别是种植经济效益较低的粮食作物的农户。若在这类盐碱地上种植冬小麦，则受土壤表层积盐的影响，出苗难，受水盐运移的影响，活苗难，受耕层肥力低、提升慢的影响，壮苗难。因此，改良这类盐碱地的关键在于"淡化肥沃耕层"，淡化耕层的关键在于土壤盐分的多级阻控，肥沃耕层的关键在于土壤的快速增碳、培肥地力。

（1）"多级阻控淡化–快速增碳肥沃耕层"综合改良技术理念

"多级阻控淡化–快速增碳肥沃耕层"综合改良技术吸取"淡化肥沃耕层"的研究与实践成果，以土壤绿色改良剂的高效应用为核心，综合运用物理、化学、农艺、生物改良的科学原理，构建"肥料减施增效控盐、吸盐剂吸盐、阻盐剂阻盐"的多级阻控淡化与"秸秆还田腐解增碳、有机–无机协同增碳、有机肥快速补碳"的快速增碳肥沃耕层综合改良技术模式（图1-4）。它实现了耕层土壤脱盐与地力培肥相统一，运用"肥大吃盐"的原理，以最小的代价获得最大的收益，为中度盐碱化滨海盐碱地发展粮食生产、建设"渤海粮仓"奠定基础。

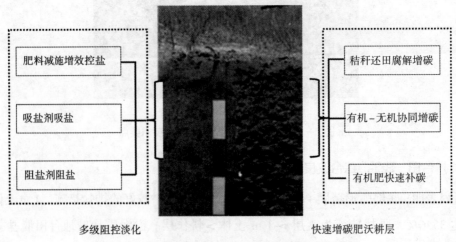

肥料减施增效控盐		秸秆还田腐解增碳
吸盐剂吸盐		有机–无机协同增碳
阻盐剂阻盐		有机肥快速补碳

多级阻控淡化   快速增碳肥沃耕层

图1-4 "多级阻控淡化–快速增碳肥沃耕层"模式

（2）"多级阻控淡化－快速增碳肥沃耕层"综合改良技术科学原理

"多级阻控淡化－快速增碳肥沃耕层"是化学、农艺、生物改良措施相结合的综合改良技术模式。化学改良措施：施用作物专用缓释肥，从源头上控制化肥中盐分的投入量；缓释肥养分缓释不仅避免了化肥以无机盐的形式一次性大量投入带来的耕层含盐量升高的问题，而且在灌溉脱盐的同时防止养分流失；阻盐剂能促使松散的土壤颗粒聚成团粒，从而使耕层土壤形成良好的团粒结构，打破土壤原有的毛细管结构，切断水盐向上运移的通道，阻止土壤返盐，提高灌溉或降水的土壤入渗能力，加快深层土壤的脱盐；吸盐剂能够吸收土壤中的盐分，从而降低土壤溶液含盐量。农艺、生物改良措施：施用盐碱地专用秸秆腐熟剂可以使还田秸秆高效腐解，提高土壤有机碳含量；增施高碳有机肥、有机－无机复混肥可以使土壤快速增碳，培肥地力，培育壮苗；利用作物对盐分的吸收带走土壤中的盐分，从而降低耕层含盐量。

（3）"多级阻控淡化－快速增碳肥沃耕层"综合改良技术要点

本技术要点以麦田为例。肥料的准备：缓释肥选用养分释放期为 60 d 的树脂包膜缓释肥（含硫加树脂包膜缓释肥）、有机－无机复混肥，磷肥选用过磷酸钙或磷酸脲，钾肥选用硫酸钾，同时每亩[①]配施硫酸锌。养分投入量可以根据目标产量和测土配方施肥确定。平整土地，种肥同播（图 1-5）播种后表面撒施粒状吸盐剂或在整地前表面撒施粉状吸盐剂。

图 1-5　冬小麦种肥同播

（4）"多级阻控淡化－快速增碳肥沃耕层"综合改良技术效果

吸盐剂通过吸盐降低表层土壤含盐量，保障出苗（图 1-6）。采用该综合改良技术，能够保障冬小麦在中度盐碱化滨海盐碱地上出苗、苗齐、苗壮、根系发达，有利于冬小麦丰产（图 1-7）。

---

① 1 亩 = 666.7 m^2。

（a）　　　　　　　　　　　　　（b）

图1-6　吸盐剂表面撒施的吸盐效果

（a）　　　　　　　　　　　　（b）　　　　　　　　　　　（c）

图1-7　"多级阻控淡化-快速增碳肥沃耕层"综合改良技术效果

1.4.3.3　轻度盐碱化滨海盐碱地的改良——"耕层改碱保肥-增碳改板"综合改良技术

轻度盐碱化滨海盐碱地一般地势较高，地下水水位较高，地下水矿化度较低，土壤质地黏重，黏粒含量高，土体构型具有夹黏层或通体为均黏质土壤，因此，受季节性水盐运移的影响不明显，再加上长期耕作的影响，耕层土壤含盐量不高。这类盐碱地一般都能种植粮食作物。受长期灌溉脱盐影响，这类盐碱地一般低盐高碱、缺肥板结，作物难高产，因此，改良这类盐碱地的关键在于"耕层改碱保肥-增碳改板"。

（1）"耕层改碱保肥-增碳改板"综合改良技术理念

"耕层改碱保肥-增碳改板"综合改良技术吸取土壤改良剂改良盐碱地的研究与实践成果，以土壤绿色改良剂的高效应用为核心，综合运用化学、农艺、生物改良的科学原理，构建"有机土壤改良剂改碱、无机土壤改良剂改碱、氮肥缓释保肥"的耕层改碱保肥与"秸秆还田腐解增碳、有机-无机协同改板、机械深耕深松改板"的增碳改板综合改良技术模式（图1-8）。它实现了改土培肥，为轻度盐碱化滨海盐碱地粮食丰产优质、建设"渤海粮仓"提供了技术支持。

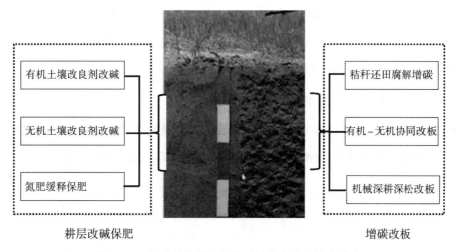

图 1-8 轻度盐渍化滨海盐碱地综合改良技术模式

（2）"耕层改碱保肥-增碳改板"综合改良技术科学原理

"耕层改碱保肥-增碳改板"是化学、农艺、生物改良措施相结合的综合改良技术。化学改良措施：尿素、铵态氮肥施入碱性土壤后，极易产生挥发损失，施用石膏、磷石膏等无机土壤改良剂或糠醛渣、腐殖酸、味精废液等有机土壤改良剂可以通过带入酸性成分来改碱，减少氨挥发；施用作物专用包膜缓释肥可防止大水漫灌（图 1-9）条件下氮素流失。农艺、生物改良措施：施用盐碱地专用秸秆腐熟剂可以使还田秸秆高效腐解，提高土壤有机碳含量；增施有机-无机复混肥可以使土壤快速增碳，提高土壤有机质含量，使松散的土壤颗粒聚成团粒，从而使耕层土壤形成良好的团粒结构，消除土壤板结；深耕深松可以提高土壤的通透性，加快还田秸秆的腐解，提高土壤有机质含量，促进耕层土壤良好团粒结构形成；耕作将已板结的大坷垃破碎成小颗粒，人为地增加团粒数量，改良土壤结构，从而消除土壤板结。秸秆还田腐解增碳、有机-无机协同改板、机械深耕深松改板可以实现土壤增碳改板。降碱改土、培肥地力有利于根系发育，培育壮苗，利用作物对盐分的吸收带走土壤中的盐分，降低耕层含盐量。

图 1-9 滨海盐碱地小麦大水漫灌图

（3）"耕层改碱保肥－增碳改板"综合改良技术要点

本技术要点以麦田为例。肥料的准备：缓释肥选用养分释放期为 60 d 的树脂包膜缓释肥（含硫加树脂包膜缓释肥），磷肥选用过磷酸钙或磷酸脲，钾肥选用硫酸钾，同时每亩配施硫酸锌。养分投入量根据目标产量和测土配方施肥确定。平整土地，种肥同播。

（4）"耕层改碱保肥－增碳改板"综合改良技术效果

"耕层改碱保肥－增碳改板"综合改良技术能够保障在轻度盐碱化滨海盐碱地生长的小麦苗全、苗壮、根系发达，增加冬前分蘖，提高基本苗，有利于冬小麦高产。

参考文献

［1］ 赵可夫，李法曾，张福锁. 中国盐生植物［M］. 北京：科学出版社，2013.

［2］ 全国土壤普查办公室. 中国土壤［M］. 北京：中国农业出版社，1998.

［3］ 张学杰，李法曾. 中国盐生植物区系研究［J］. 西北植物学报，2001，21（2）：360-367.

［4］ 何雨江，汪丙国，王在敏，等. 棉花微咸水膜下滴灌灌溉制度的研究［J］. 农业工程学报，2010，26（7）：14-20.

［5］ CHEN W P, HOU Z N, WU L S, et al. Evaluating salinity distribution in soil irrigated with saline water in arid regions of northwest China［J］. Agricultural Water Management，2010，97（12）：2001-2008.

［6］ 杨建国，黄冠华，叶德智，等. 宁夏引黄灌区春小麦微咸水灌溉管理的模拟［J］. 农业工程学报，2010，26（4）：49-56.

［7］ 王诗景，黄冠华，杨建国，等. 微咸水灌溉对土壤水盐动态与春小麦产量的影响［J］. 农业工程学报，2010，26（5）：27-33.

［8］ 杨树青，叶志刚，史海滨，等. 内蒙河套灌区咸淡水交替灌溉模拟及预测［J］. 农业工程学报，2010，26（8）：8-17.

［9］ 孔清华，李光永，王永红，等. 不同施肥条件和滴灌方式对青椒生长的影响［J］. 农业工程学报，2010，26（7）：21-25.

［10］ 魏文杰，程知言，胡建，等. 定额喷灌对滨海盐碱地的改良效果研究［J］. 中国农学通报，2018，34（27）：137-141.

［11］ 孙海燕，王全九，彭立新，等. 滴灌施钙时间对盐碱土水盐运移特征研究［J］. 农业工程学报，2008，24（3）：53-58.

［12］ 张月珍，张展羽，张宙云，等. 滨海盐碱地暗管工程设计参数研究［J］. 灌溉排水学报，2011，30（4）：96-99.

［13］ 谷孝鸿，胡文英，李宽意. 基塘系统改良低洼盐碱地环境效应研究［J］. 环境科学学报，2000，20（5）：569-573.

［14］ 刘树堂，秦韧，王学锋，等. 滨海盐碱地"上农下渔"改良模式对土壤肥力的影响［J］. 山东农业科学，2005（2）：50-51.

［15］ 潘保原，宫伟光，张子峰，等. 大庆苏打盐渍土壤的分类与评价［J］. 东北林业大学学报，2006，34（2）：57-59.

［16］ 王春娜，宫伟光. 盐碱地改良的研究进展［J］. 防护林科技，2004，62（5）：38-41.

［17］赵名彦，丁国栋，郑洪彬，等.覆盖对滨海盐碱土水盐运动及对刺槐生长影响的研究［J］.土壤通报，2009，40（4）：751-755.

［18］孙泽强，刘法舜，王学君，等.覆膜对滨海盐渍土水盐分布和竹柳生长的影响［J］.山东农业科学，2011（8）：33-35，39.

［19］赵永敢."上膜下秸"调控河套灌区盐渍土水盐运移过程与机理［D］.北京：中国农业科学院，2014.

［20］郭相平，杨泊，王振昌，等.秸秆隔层对滨海盐渍土水盐运移影响［J］.灌溉排水学报，2016，35（5）：22-27.

［21］李芙荣，杨劲松，吴亚坤，等.不同秸秆埋深对苏北滩涂盐渍土水盐动态变化的影响［J］.土壤，2013，45（6）：1101-1107.

［22］赵兰坡，王宇，马晶，等.吉林省西部苏打盐碱土改良研究［J］.土壤通报，2001，32（SI）：91-96.

［23］张丽辉，孔东，张艺强.磷石膏在碱化土壤改良中的应用及效果［J］.内蒙古农业大学学报，2001，22（2）：97-100.

［24］陈伏生，曾德慧，王桂荣.泥炭和风化煤对盐碱土的改良效应［J］.辽宁工程技术大学学报，2004，23（6）：861-864.

［25］王志平.重度盐碱地的糖醛渣改良与植物修复初步研究［D］.吉林：东北师范大学，2005.

［26］杨永利.滨海重盐渍荒漠地区生态重建技术模式及效果的研究——以天津滨海新区为例［D］.北京：中国农业大学，2004.

［27］张凌云，赵庚星，徐嗣英，等.滨海盐渍土适宜土壤盐碱改良剂的筛选研究［J］.水土保持学报，2005，19（3）：21-23，28.

［28］刘祖香，陈效民，李孝良，等.不同改良剂与石膏配施对滨海盐渍土离子组成的影响［J］.南京农业大学学报，2012，35（3）：83-88.

［29］王睿彤，陆兆华，孙景宽，等.土壤改良剂对黄河三角洲滨海盐碱土的改良效应［J］.水土保持学报，2012，26（4）：239-244.

［30］邵玉翠，任顺荣，廉晓娟，等.有机-无机土壤改良剂对滨海盐渍土降盐防碱的效果［J］.生态环境学报，2009，18（4）：1527-1532.

［31］谢承陶.盐渍土改良原理与作物抗性［M］.北京：中国农业科技出版社，1993.

［32］胡伟，单娜娜，钟新才.耐盐牧草生物修复盐渍化耕地效果研究［J］.安徽农学通报，2008，14（7）：148-149，151.

[33] 董晓霞,郭洪海,孔令安.滨海盐渍地种植紫花苜蓿对土壤盐分特性和肥力的影响
[J].山东农业科学,2001(1):24-25.

[34] 张立宾,刘玉新,张明兴.星星草的耐盐能力及其对滨海盐渍土的改良效果研究[J].
山东农业科学,2006(4):40-42.

[35] 刘玉新,谢小丁.耐盐植物对滨海盐渍土的生物改良试验研究[J].山东农业大学学
报,2007,38(2):183-188.

[36] 田冬,桂丕,李化山,等.不同改良措施对滨海重度盐碱地的改良效果分析[J].西
南农业学报,2018,31(11):2366-2372.

[37] 李颖,陶军,钞锦龙,等.滨海盐碱地"台田-浅池"改良措施的研究进展[J].干旱
地区农业研究,2014,32(5):154-160,167.

[38] 张国明,史培军,岳耀杰,等.环渤海地区滨海盐碱地不同排盐处理下的台田降盐
效率[J].资源科学,2010,32(3):436-441.

[39] 林叶彬,顾卫,许映军,等.冬季咸水冰覆盖对滨海盐渍土的改良效果研究[J].土
壤学报,2012,49(1):18-25.

[40] 张化,王静爱,徐品泓,等.台田及海冰水灌溉利用对洗脱盐的影响研究[J].自然
资源学报,2010,25(10):1658-1665.

[41] 张化,张峰,岳耀杰,等.环渤海地区海冰水资源农业利用研究[J].环境科学与技
术,2011,34(6G):321-324.

[42] 张国明,张峰,吴之正,等.不同盐质量浓度海冰水灌溉对土壤盐分及棉花产量的
影响[J].北京师范大学学报,2010,46(1):72-75.

[43] 刘广明,杨劲松,吕真真,等.不同调控措施对轻中度盐碱土壤的改良增产效应[J].
农业工程学报,2011,27(9):164-169.

[44] 王晓洋,陈效民,李孝良,等.不同改良剂与石膏配施对滨海盐渍土的改良效果研
究[J].水土保持通报,2012,32(3):128-132.

[45] 张乐,徐平平,李素艳,等.有机-无机复合改良剂对滨海盐碱地的改良效应研究
[J].中国水土保持科学,2017,15(2):92-99.

[46] 杨劲松,姚荣江,王相平,等.中国盐渍土研究:历程、现状与展望[J].土壤学
报,2022,59(1):10-27.

[47] 宋佳杰,杨佳,崔福柱,等.不同追肥时期和追肥量对晚播冬小麦籽粒产量及产量
构成因素的影响[J].山西农业科学,2019,47(7):1230-1236.

[48] 伊锋.黄河入海泥沙减少对潮滩地貌冲淤影响的物理模型研究[D].烟台:鲁东大学,

2020.

[49] 刘森.莱州湾南岸地下咸水演化和咸水入侵过程机制研究[D].武汉：中国地质大学，2018.

[50] 高志娟，李书恒.山东省滨州市土壤盐渍化空间分布及成因分析[J].科技视界，2014（30）：58-59.

第 2 章
滨海盐碱地水肥盐调控

2.1 滨海盐碱地水盐运移规律及其影响因素

研究土壤水盐动态是防治盐碱地的基础。滨海平原是由于河流携带的泥沙在入海处沉积，逐渐使陆地淤高，露出海面而成。在成陆前和成陆后的很长一段时间内，滨海平原受海水浸渍影响。滨海平原的地形较平缓，地面坡降多在 1/10 000 以下。土壤母质及地下水中含有大量盐分，盐分组成以 NaCl 为主。这种特点及所处季风气候条件使滨海盐碱地具有独特的水盐动态特征。

滨海盐碱地的发生及演化与水溶性盐密切相关。一般来说，水溶性盐具有随水运移的特征。季风气候条件下的土壤盐碱化季节性变化是由于地下水及土壤中的水溶性盐在外界条件及土壤毛细管力的作用下，沿着土壤剖面上升或下移，导致土壤积盐或脱盐。滨海盐碱地盐分运移的基本原理是"盐随水来，盐随水去""涝盐相随"。

2.1.1 滨海盐碱地水盐运移规律

2.1.1.1 滨海盐碱地盐分季节变化规律

土壤剖面中的含盐量具有明显的季节性变化。土壤剖面中的含盐分布主要受降雨、灌溉水的入渗淋盐作用，以及土壤水分和上层潜水蒸发过程中上升水流托盐作用的影响，因此产生明显的季节性变化。在无灌溉的情况下，一般在 6 月雨季到来之前，潜水位达到最低位置，土壤剖面中盐分随水分的运动向表土集聚，表土含盐量达到最高值。在雨季（6~9 月），随着降雨的入渗，上层土体盐分下移，表土含盐量下降；雨季过后（一般在 9 月下旬），土壤水分和潜水在蒸发作用下逐渐消耗，盐分又随之向上层土体累积。

黄河三角洲属于暖温带半湿润季风气候，季风影响下的土壤水盐运移有一定规律，即土壤盐分随季节而变化,一般全年可划分为 4 个水盐动态周期,即春季积盐期、夏季脱盐期、秋季回升期、冬季潜伏期。

在季风气候条件下,虽然夏季降雨具有淋盐作用,但是从全年来看,淋盐的时间较短,一般仅有 3 个月左右,积盐的时间达 5~6 个月,所以,水盐平衡的总趋势仍然是积盐过程大于淋盐过程,特别是地表水和地下水出流不畅的微斜平原,在夏秋多雨时,常常发生渍涝。地下水位普遍抬高以及土壤毛细管水上升运动和侧向运动强烈,造成来年春季大面积土壤返盐,形成"涝盐相随"的现象。

2.1.1.2 滨海盐碱地盐分剖面变化规律

盐分在剖面中的运移受土壤质地剖面、潜水埋深、地下水矿化度、表土熟化程度的影响。盐分在土壤剖面中向上累积及向下淋洗的速度与降水入渗和潜水蒸发有关。土壤剖面质地及表土熟化程度影响地面水的入渗量,也影响潜水的蒸发强度。

研究表明,当黄河三角洲滨海盐碱地地下水深大于 1.9 m 时,土壤未发生次生盐碱化,地下水深 1.9 m 土体在 0~10 cm 土层脱盐效果最好,脱盐率为 43.2%。长期种植农作物可以有效降低盐碱地含水量、含盐量,改良盐碱地盐分构成,显著降低盐碱化程度。

有学者研究了黄河三角洲地区典型地块土壤盐碱化特征,并对该地区土壤盐分剖面构型的分类进行了探讨。研究表明:研究区土壤含盐量普遍较高,总体上盐分分布呈较强的表聚性和变异性,土壤积盐可由盐分含量、离子组成特征、碱化特征、外源影响因子 4 个主要成分反映,累计贡献率达 86.21%。聚类分析结果表明:研究区土壤盐分剖面可以明显分为表聚型、底聚型、平均型,在数量上以表聚型、底聚型为主。不同盐分剖面类型反映了植被类型和土地利用方式的差异,人为农业措施是形成底聚型和平均型盐分剖面的直接因素。表聚型盐分剖面的主要特征:土壤表层 20 cm 以上含盐量较高;主要为光板地及部分盐蒿地,占聚类剖面总数的 47%;土壤脱盐过程进行得不太明显,土壤盐分运移处于上升状态或平衡状态,如果没有人为因素的强烈干扰或适宜的气候条件(如降雨),短期内不会发生明显的脱盐过程。底聚型盐分剖面的主要特征:表层含盐量低,底层土壤含盐量较高,80 cm 深度以下土层含盐量高于表层 0~20 cm 土壤;0~80 cm 深度土壤含盐量的变化较复杂,含盐量往往不随深度呈一定的升高趋势,它实际反映了短期内气候因素对该类型盐分剖面的作用结果;当这类剖面中底层土壤含盐量较高时,容易发生次生盐碱化;地表植被以棉花、玉米、杂草为主,人为农业活动(如施肥、灌溉、耕作等)是底聚型盐分剖面类型分布格局形成的重要因素。平均型盐分剖面是 0~180 cm 土体土壤含盐量差异不大的剖面类型,具有这种剖面特征的土壤含盐量处于总体平衡状态。

2.1.1.3 滨海盐碱地盐分空间年际变化特征

黄河三角洲土壤含盐量较高且呈一定的碱化趋势，含盐量和含水量属于中等变异强度，pH 值属于弱变异强度，土壤含盐量、pH 值与含水量的空间分布均表现为条带状和斑块状格局。土壤含盐量分布规律为离海岸线越近，土壤含盐量越高；空间分布与微地形、气候条件密切相关。土壤含水量的空间分布主要受地势条件、微地形起伏的影响，长期的农业活动也影响土壤含水量的空间分布。土壤含盐量与土壤含水量均呈显著负相关性。在旱季，表层土壤含水量的测定结果可以判断土壤含盐量的高低，同时可为盐碱分区和改良利用提供一定参考依据。

从年际变化来看，黄河三角洲表层土壤含盐量大幅提高，整个区域的盐碱化呈现不断积盐的趋势。在低洼地区（北部和东南部）盐碱化程度较高，土壤为盐土；河成高地（西南至东北方向）的土壤盐分呈条带状分布，西南部土壤含盐量最低。

黄河三角洲表层盐碱土类型以硫酸盐–氯化物型为主，主要分布在河成高地；其次为氯化物型盐碱土，主要分布在北部和东南沿海的低洼地带，主要由海水浸渍形成；在盐碱化程度较低的西南部，以硫酸盐型和氯化物–硫酸盐型为主。氯化物型盐碱土的大幅增加说明黄河三角洲盐碱化的演化与海水浸渍、溯河倒灌有密切关联，因此可从控制海水入侵着手，减缓盐碱化加重的趋势。

2.1.2　滨海盐碱地水盐运移影响因素

黄河三角洲土壤水盐运移受多种因素的影响，主要因素包括气候、地形、土壤质地、地下水等，这些因素综合作用导致土壤盐分处于不断运移变化中。

2.1.2.1 气候

降水量、蒸发量是造成区域土壤盐碱化的主要因素。黄河三角洲地区多年平均降水量为 537.4 mm，多年平均蒸发量为 1 885 mm，年蒸降比约为 3.5∶1。蒸发量远大于降水量，为土壤剖面中盐分向上运移提供了有利条件。受季风气候的影响，降水量集中在汛期 6~9 月，约占年降水量的 75.5%，而其他季节干旱少雨。土壤剖面水盐垂直运移强烈，形成土壤季节性的返盐和脱盐。

降水对滨海盐碱地盐分运移具有重要影响。小雨很难使土体脱盐；中雨能使土体在短时间内部分脱盐，但长期而言，整个剖面脱盐效果不理想；大雨能使整个土壤剖面长期处于脱盐状况，脱盐效果好。在农业生产中，就有"大雨压盐、小雨勾碱"的说法。

2.1.2.2 地形

基本规律：在大地形中盐分自高地向低地积累，在微地形中盐分自低地向高地积累。

大地形的差异造成潜水位的埋深不同，因此，在同一气候条件下，土壤的盐分变化也不同。在地表水自高地流向低地的过程中，表层土中盐分溶解，矿化度增加，并抬高低地段地下水位，蒸发使水分自土体散去，盐分便积累于低地地表，加剧了土壤盐碱化程度；高地土壤处于相对的脱盐过程，导致高地土壤含盐量低、低地土壤含盐量高。

微地形的变化对土壤盐碱化有影响。分布在地势低洼坦荡的冲积海积平原上的土丘受海水的侵袭、雨后积水，裸露于水体之外；强烈的蒸发使盐分浓缩并累积于土丘顶部，有时出现盐结皮状，土丘周围的平地含盐量较低。滨海平原常出现的半封闭蝶形洼地在不同季节受高矿化度地下水水位的升降及蒸发浓缩的影响，盐化面积扩大或缩小。滨海地区的大型灌溉渠道在高水头作用下侧渗，抬高了渠道两侧的地下水位，造成土壤出现带状分布的次生盐碱化和盐斑。

2.1.2.3 土壤质地

土壤水沿毛细管上升的高度由土壤质地决定，它是土壤盐碱化过程中重要的特征因子。土壤水分蒸发是在毛细管作用下，水分由土壤向大气散失的过程。土壤质地和毛细管形状不同，进而影响土壤毛细管水上升的速度与高度。一般来说：轻壤质土毛细管适中，水上升速度较快，高度较高；砂土毛细管较粗，积盐较慢；黏土毛细管较细，积盐较慢。研究表明，渗透深度与土壤质地有关，一般情况下，土壤质地越轻或土质黏性越小，渗透深度越大。土壤脱盐速度与土壤透水性有密切的关系，一般认为，轻质土透水性好、易脱盐，黏质土透水性差、脱盐慢。黏土层影响土壤水分运移的速度和高度，土壤的物理性状，以及地下水、土壤溶液中盐分离子的迁移；主要表现为黏土层既可以阻滞下层的水分和盐分向上层迁移，也阻滞上层水分和盐分向下渗透和淋洗。土壤中黏土层位置越靠近表层土，黏土层对盐分离子的表聚现象所产生的阻碍作用越大。

2.1.2.4 地下水

一般情况下，地下水中离子含量与表层土壤中离子含量维持在相对稳定的动态平衡状态。地下水埋深与表层盐分积聚有密切关系，在一定程度上决定土壤积盐程度。当地下水埋深达到一定深度时，土壤表层盐分积聚不再因蒸发量的变化而变化。当地下水位达到临界水位时，受蒸发强度的影响，盐分随着水分的迁移到达土壤表层，出现土壤表层盐分积聚现象。

由于滨海地区地势低、地下水位较浅，当气候干旱时，蒸发量较大，表层土壤失水较多，下层水盐沿着毛细管向上迁移补给，盐分离子向上迁移时被黏性土壤吸附，使整个土壤盐碱化，使表层土壤的水分蒸发损失而盐分保留下来，聚积较多盐分。此过程长期反复进行，引起表层土壤盐分不断积累。盐分积累到一定程度便引起土壤物理结构变化。通常情况下，地下水位越高、矿化度越高，蒸发越强烈，土壤越易积盐。刘广明等人的研究表明，地下水在小于临界深度时显著影响土壤积盐，0~40 cm深度土壤电导率与地下水矿化度呈正相关关系，0~40 cm深度土壤电导率发展变化过程大致可以分为 3 个阶段，即极缓慢积盐阶段、快速积盐阶段、缓慢积盐阶段。

综上所述：滨海盐碱地土壤表层盐分积累主要由于地表失水，地下水和盐分沿毛细管迁移至地表，水去盐留；这与气候、地形、土壤质地、地下水等因素有关；若降水量较大、积水时间较长，则地下水、土壤溶液、地表水三者连通，地下盐分向上运移，土壤盐度不降反增；滨海盐碱地的盐分多源于母质，其含量受天气、土体母质和地貌的影响较大，而其变化趋势则与人类活动密切相关。

2.2　滨海盐碱地水肥盐调控技术

2.2.1　水盐调控技术

2.2.1.1　水盐调控技术概述

根据滨海盐碱地的水盐动态特征，可将滨海盐碱地改良过程中的水盐调控分为如下阶段：一是排盐阶段；二是控制水盐平衡阶段。在排盐阶段，通常要通过排水洗盐等措施，逐步使临界深度以上的土体脱盐，使上层潜水逐渐淡化。在控制水盐平衡阶段，有些地区采取逐渐淡化下层潜水的方式。

水盐调控技术的关键是将原有自然条件下通过降水蒸发调节的水盐动态，改变为以灌溉、降水入渗、排水为主来调节的水盐动态，即调节水分的排蒸比例，加大排水系统水平排出的水量，减少蒸发消耗的土壤含水量及潜水量。

水盐调控技术包括如下方面。

（1）冲洗、灌溉、排水排盐，建立淡化土层，使临界深度以内土层平均含盐量降至 1 g/kg 以下。

（2）增强潜水的水平流动，增加淡水入渗，建立潜水淡化层。

（3）控制潜水埋藏深度以减小水分上升运动通量，减缓盐分向上积累。

（4）建立熟化土层并增加地表覆盖以增加降水入渗，减少潜水蒸发。

（5）控制水盐的引入，控制水盐平衡。淡化土层及建立潜水淡水层后，应注意严格控制引水量和灌溉定额，适当排水排盐以维持水盐平衡。

2.2.1.2 水盐调控技术的主要措施及其适用条件

改良利用滨海盐碱地，首先需要修建防潮堤、防潮闸等工程，防止海水入侵，并建立灌溉渠系，引入淡水。水利工程措施的要点是"灌水洗盐"，通过人工灌溉或自然降水使土壤中盐分溶解于水，在水压作用下渗到深层土壤，从而降低表层土壤的含盐量。

（1）排水降盐

目前，通常采用明沟排水、暗管排水和竖井抽水排水。

①明沟排水

由于明沟排水系统的修建投资较少、便于管理运用，所以仍是当前广泛采用的措施。明沟可以较快地排出地表径流，是除涝排水必不可少的措施，另外，对于排除上层土体中的盐分也有一定作用。明沟易塌坡，一般不易维持较大的深度，因而所形成的地下水位降深较小，排除下层潜水的能力差，促使潜水位下降的速度慢。在种植旱作的情况下，潜水淡化速度缓慢，特别是在滨海轻质土地区，一般农渠排水沟深度只能保持在1.0~1.5 m。

②暗管排水

研究表明，暗管排水可以排出土壤盐分，有效降低土壤含盐量，效果优于明沟排水，具有占地面积小、利于机械化作业等优点。暗管可埋设在较大深度（2~3 m）处，能形成较大的地下水位降深，加速潜水位的下降，减少潜水的蒸发，排除土壤中的盐分及表层潜水，促使淡化层的形成。暗管在滨海地区易受到地形及排水高程的限制，为了保证暗管的排水，很多地方需要强排，还需修建浅明沟以及时排除沥涝。在明沟易于塌坡的粉砂壤土地区，在经济条件允许的情况下，明沟、暗管结合是调控水盐动态较好的措施。

③竖井抽水排水

用机泵从竖井中抽水排水可以产生较大水位降深，竖井中水位可深达6~10 m，对潜水动态有较强的调节作用。滨海地区潜水矿化度高，一般不适于直接用来灌溉，在有河流淡水水源但又不太充足的情况下，竖井抽水排水可与河水混合用来灌溉，或与深层淡水混合灌溉。竖井调节水盐动态的主要作用是抽排土体中盐分及矿化潜水，控制潜水位，同时结合灌溉及降水入渗补给建立潜水淡水层。宜采用深度为20 m左右的浅井，井深应不大于第一个不透水层出现的深度，经过长期抽咸补淡、形成足够厚度的淡水层后可用来进行抗旱灌溉。以抽排咸水为主的竖井所需管理费用较高，必须慎用。竖井调节水盐动态的效果与水文地质条件密切相关。当 20 m 以上土层以轻质土为主、透水性好、无黏土隔水层、单井出水量大于 10 m^3/h、抽水时水位降落影响半径在 100 m 以上时,对水盐动态调控影响较大,适于采用竖井抽水排水。当水位降落的水量较大时,利用蓄淡养垦的办法也可达到淋洗上层土壤盐分的目的。

水利改良措施虽然是治理盐碱地较有效的方法,但首要条件是必须有充足的淡水资源。

(2)灌溉淋洗

盐碱地水盐动态调控的首要任务是满足盐分淋洗的需要,其次是满足作物耗水需要。孙贯芳等人的研究表明:玉米生育期灌水下限建议控制为 -30 kPa,非生育期洗盐灌溉效果显著;秋浇灌黄河水 180 mm 后,次年春播前 0~100 cm 土壤盐分平均下降 10.86%~26.14%;剖面分布较均匀,河套灌区膜下滴灌土壤盐分调控建议为生育期滴灌和非生育期洗盐灌溉双重调控。有学者用电导率达到 7.42 dS/m 的微咸水进行膜下滴灌,用 150 mm 秋浇定额淋洗后,土壤盐分淋洗到 60 cm 以下土层,作物根区土壤电导率在下一年仅为 0.2 dS/m,说明秋浇能很好地控制滴灌土壤盐分。还有学者认为在年降水量小于 250 mm 的区域采用微灌,不推荐在每次灌水时加大灌水量进行洗盐,而是建议在生育期结束后对盐分集中淋洗,非生育期洗盐灌溉可能是控制膜下滴灌土壤盐分的较好途径。

有学者对滨海沙性盐碱地进行室内土柱模拟淋洗实验,采用连续淋洗与间歇淋洗的方式比较不同淋洗方式下沙性盐碱地的改良效果。结果表明:淋出液矿化度随着体积的变化急剧下降,直至稳定于很低的水平,连续淋洗淋出液矿化度从 233.8 g/L 稳定至 2.5 g/L,间歇淋洗淋出液矿化度从 327.4 g/L 稳定至 2.2 g/L;间歇淋洗单位水量淋洗的盐分要高于连续淋洗;淋出液的各离子随体积的变化趋势与矿化度变化相似。淋洗结束后土壤盐分变化表明:随着用水量的增加,淋洗效率逐渐降低,15 cm、20 cm、25 cm、30 cm 水量下连续淋洗的淋洗效率分别为 2.87 g/mL、2.40 g/mL、1.98 g/mL、1.67 g/mL,间歇淋洗的淋洗效率分别为 3.10 g/mL、2.48 g/mL、2.00 g/mL、1.68 g/mL,间歇淋洗的淋洗效率始终高于连续淋洗;各离子溶脱淋洗速率的不同,改变了土壤中盐分离子组成,土壤由原来 Na^+-Cl^- 型转变为 Ca^{2+}-SO_4^{2-} 型。

对于淡水资源匮乏的滨海盐碱地,利用丰富的咸水资源和降水资源是区域盐碱地改良利用的核心。为解决淡水资源匮乏的问题,有学者提出利用当地的自然冷源,进行冬季咸水结冰灌溉,通过咸水结冰冻融实现咸淡水分离。由于不同矿化度咸水的冰点不同,咸水冰融化时,融水矿化度逐渐下降,脱盐效果显著。当融冰温度为 -3 ℃时,10 g/L 咸水冰最初融水矿化度高达 130 g/L,融水体积仅占总体积的 0.75%;当融水占总融水量的 39% 时,脱盐率已达 99.6%,剩余冰含盐量已降至 0.063 g/L。在其他融冰温度条件下,当 50% 的冰融化时,脱盐率达 95% 以上。咸水冰融化过程中,融水的钠吸附比也逐渐下降。咸水冰融水矿化度影响融水在盐碱地的入渗。相对于淡水冰融水入渗,咸水冰融水入渗速度快、深度大,且随咸水冰矿化度和水量的升高而增大,以 180 mm 灌水量最好。当土壤含盐量达 10~20 g/L、180 mm 的 5~15 g/L 的咸水冰融水入渗完成后,0~20 cm 土壤脱盐率达 95% 以上,高于淡水冰的 84%。咸水冰的钠吸附比影响融水入渗,但对脱盐效果没有显著影响。冬季,当气温低于 -5 ℃时,若滨海盐土灌溉 180 mm 小于 15 g/L 的咸水,则地表能形成稳定冰层,春季咸水冰融化后,土壤含盐量降至 4 g/L 以下,没灌溉的土壤含盐量高达 27 g/L。由于春季蒸发量大,因此咸水冰融水入渗完成需结合抑盐措施以防止土壤返盐。春季结合地膜覆盖可显著降低土壤盐分含量和提高土壤含水量。咸水结冰灌溉促进了大颗粒土壤团聚体的形成,增加了土壤微生物的数量,有利于土壤盐分的淋洗和土壤肥力的提高。依据上述研究结果,形成了以冬季咸水结冰灌溉为主体并结合覆盖抑盐、雨水淋盐的滨海重盐碱地改良利用技术体系,为淡水资源匮乏的滨海盐碱地的开发利用提供了理论依据。

（3）水旱轮作

滨海盐碱地含盐量高,地势低平,排水排盐困难;若采用冲洗后种植旱作物的办法,往往需要较长的土壤改良阶段及较高标准的田间水利改良工程。在种稻过程中,田面经常保持淹灌水层不仅可以阻止底土中盐分向上移动,保证水稻的正常生长,而且下渗淡水可以不断淋洗土体盐分,使土壤在种稻过程中逐步脱盐,所需排水排盐及除涝工程标准远低于冲洗种植旱地作物。

稻田中长期保持较高的淡水水头,在排水沟排水深度不太大的情况下,仍可有一定的水头差,下渗淡水可稀释替代原高矿化度潜水,使高矿化度潜水从排水沟中排出,从而逐渐形成潜水淡水层。

种植水稻后,土壤含盐量降低,脱盐土层厚度增加并达到一般旱作物能生长的程度,已形成一定厚度的潜水淡水层,即使在种植旱作物期间土壤也不致有严重返盐,则可实施水旱轮作。水旱轮作中,水、旱作物种植年限决定于潜水淡水层形成和消耗的速度。有学者在河北省芦台农场开展观测研究,结果表明,一年中消耗 30~50 cm 潜水淡水。因此,种稻期间所建立的淡水层厚度应大于 50 cm 才能转旱。在中度盐化黏质土壤上,种 2~3 年水稻后可以转旱。

滨海平原地处河流最下游,地势低平,种植水稻对其他地区的治理影响较小,对稻田周围土壤的水盐动态影响也小。低洼和黏质土地更适于种稻改良盐碱地。种稻必须考虑有较多的淡水水源，种稻及水旱轮作过程中水盐调控的原则是：在种稻过程中尽量保存淡水、排出咸水，加速土壤脱盐及潜水淡水层的形成；在旱作过程中控制潜水位，减少淡水层的消耗，防止土壤返盐。研究表明，在实施水旱轮作的地区，应采用深浅沟相结合的明沟排水系统。

（4）覆盖抑盐

秸秆覆盖既能节水，又能培肥改土。研究表明，作物秸秆覆盖土壤后，土壤的水分蒸发量明显降低，盐分在地表的聚集得到明显控制，同时还降低了土表温度，从而降低了水分蒸发量。秸秆腐熟分解可以为土壤微生物提供大量营养，有利于微生物的生长繁殖，显著提高土壤酶活性。秸秆覆盖方式有秸秆表层覆盖、秸秆夹（隔）层覆盖、秸秆翻耕入土等。

有学者研究了秸秆覆盖对盐碱地水分状况的影响，结果表明：水分蒸发速度与秸秆覆盖量显著负相关；随着秸秆覆盖量的增加，水分蒸发速度逐渐降低，盐分表聚现象逐渐减弱，表层含盐量相对减少。有研究表明，玉米秸秆造夹层处理可促进土壤硝态氮的积累，明显改变土壤化学性状，降低土壤pH值，促进养分含量增加，增加秸秆使用量，明显改变土壤物理性状、土壤容重、土粒密度、孔隙度等。郭相平等人研究了秸秆隔层对滨海盐碱地水盐运移的影响，结果表明，秸秆隔层显著影响隔层以上土层的水分分布，优化了土壤盐分分布，明显抑制了水分蒸发。焦晓燕等人的研究表明，免耕覆盖和耕翻覆盖的脱盐效果显著，脱盐率达 30% ~ 70%。

徐娜娜等人将 3 种处理的秸秆粉（秸秆粉、秸秆粉＋营养液、发酵秸秆粉）分别加入盐碱土壤中，通过室内盆栽实验对土壤理化性质、土壤微生物生物量及呼吸强度进行测定与分析。结果表明：秸秆粉的加入对土壤理化性质及其幼苗生长状况没有明显改善；秸秆粉＋营养液、发酵秸秆粉的加入可以降低土壤pH值，明显改善土壤理化性质，显著提高土壤微生物生物量和呼吸强度。李小牛利用玉米秸秆覆盖在轻中度盐碱地种植向日葵，结果表明，植株生长状况良好，叶面积指数高，花盘平均质量高，百粒重高，总体增产效果显著。

有学者将土壤挖深约 80 cm，在底部填入直径为 4 ~ 7 cm 的粗石子，厚约 15 cm，上覆细沙约 5 cm，最后将土回填，再起宽为 4 m、高为 25 cm 的大垄，然后控制土壤基质势为 $-25 \sim -5$ kPa，研究表明，表层土壤含盐量降低，饱和导水率增大，土壤大孔隙对水流的贡献率增大。

研究表明：砂砾＋复合有机物料层处理的主要离子总含量在 0 ~ 10 cm、10 ~ 20 cm 和 20 ~ 30 cm 时分别较对照降低了 13.50%、0.61% 和 27.00%，效果较好；0 ~ 30 cm 土层，砂砾+复合有机物料层的脲酶、蔗糖酶、磷酸酶活性达7.30%、4.70%和3.58%，降低过氧化氢酶活性。砂砾+复合有机物料层可以较好地抑制盐碱化土壤盐离子在耕层的聚集，同时可以提高土壤酶活性，对改善盐碱地质量有一定作用。在滨海盐碱地采用沸石作为隔盐材料比采用传统材料河沙更能有效保水降盐，更好地促进植物光合及生长。

地膜覆盖与秸秆深埋具有显著的控盐效果。处理方法：翻耕土壤至30 cm，平整土地；前期措施完成后，在30 cm深处埋设玉米秸秆层，用量为6 000 kg/hm²，随后平整土地，机械覆膜；"上膜下秸"模式可建立"高水低盐"的土壤溶液系统，显著提高并延续灌溉淋洗在20~60 cm土层形成的淡化效果，形成"苗期根域淡化层"，降低土壤体积质量，增加土壤有机质和含水率，从而抑制矿化度较高的潜水蒸发，防止"盐随水来"，提高产量。

（5）生物措施

中、重度盐碱化滨海盐碱地土壤含盐量高；因成土过程中受海浪的冲压，中、重度盐碱化滨海盐碱地土层密实且呈层状结构，垂直透水性能较差，冲洗水难以下渗，洗盐困难。在冲洗改良阶段种植黄须菜和芦苇等耐盐作物，可改善土壤结构，增加水的入渗，提高淋盐效果。有研究人员在苏北滨海用围堰蓄淡养草的办法，使天然耐盐植被逐渐生长更替，当过渡到毛草野生时，即可开垦利用。有学者用种植绿肥、增施有机肥料等方法熟化表土，结果表明：当厚度为10 cm的表土有机质含量达到15 g/kg以上时，土壤容重在1.25 g/cm以下，总孔隙度大于55%；当非毛细管孔隙在15%以上时，种植绿肥、增施有机肥料有明显的加强降雨淋盐和阻滞土壤返盐的作用。在滨海地区，通过种植绿肥熟化土壤也是调控土壤水盐动态的措施，特别是在地广人稀、劳动力缺乏的新垦区，这项措施效果较好，在雨量较多、生长季节较长的苏北滨海地区已较广泛地被采用。

2.2.2 控盐培肥技术

纵观滨海盐碱地改良的各种技术措施，脱盐、排盐是"根"，培肥是"本"。减少土壤中可溶性盐分含量是去除土壤中妨碍植物生长的有害成分；培肥是增加土壤的肥力，为植物生长发育提供营养保障。

2.2.2.1 增施有机肥

增施有机肥可以提高土壤肥力，巩固脱盐效果，增产增收。土壤有机质能促进土壤微团聚体的形成，改善盐碱地土壤物理性质，降低土壤容重，增加土壤总孔隙度和毛细管孔隙度，增加土壤的入渗率，有利于盐碱地盐分的淋洗。高有机质含量的土壤具有减少蒸发、抑盐的作用。增施有机肥可以使土壤有机胶体、腐殖质数量增加，提高对盐分离子的吸附能力，降低土壤盐分的活性。

增施生物有机肥能有效降低土壤pH值，土壤pH值降低幅度随施用量的增加而增加。增施生物有机肥能提高养分的供应能力，土壤中的全氮、有效磷和有效钾含量均随生物有机肥施用量的增加而增大。研究表明，在滩涂盐碱地投入微酸性有机肥可以明显加快滩涂盐碱地土壤改良速度，土壤有机质平均增加95.2%，水溶性盐和容重分别降低33.9%和9.15%，在滩涂盐碱地改良初期每公顷使用30~45 t微酸性有机肥能明显促进水稻分蘖，提高水稻有效穗数，促进穗粒分化，水稻单产可提高14.0%~21.4%。有研究人员通过定位实验研究了厩肥、有机肥、生物肥等对盐碱地土壤有机质、全氮、碱解氮、全磷、速效磷、pH值、速效钾的影响，结果表明，施用有机肥的土壤各种营养成分含量均显著提高，施用有机肥显著增加土壤微团聚体含量。在潮棕壤的实验表明，施用有机肥能显著提高速效磷、有机碳及全磷含量。

有学者曾提出培育盐碱地"淡化肥沃层"。"淡化肥沃层"是在不减少土体盐分储量的前提下，通过提高土壤肥力，以"肥"对土壤盐分进行"时（间）、空（间）、形（态）"的调控，在农作物主要根系活动层建立一个良好的肥、水、盐生态环境，达到农作物持续高产稳产。

研究表明：当土壤有机质含量为10 g/kg时，开始具有抑盐作用；当土壤有机质含量为15 g/kg时，抑盐作用明显。土壤有机质对土体水分蒸发和盐分表聚有抑制作用，随着有机质含量的增加，此抑制作用加强。在蒸发过程中，土壤表面首先脱水，0~5 cm土层含水量迅速下降，土壤有机质会抑制土体水分蒸发，减少潜水补给量、盐分聚积量、盐分向表层的聚积量。土壤有机质促进了盐分的淋洗，在淋洗过程中，土体表层的盐分首先开始淋出，土壤有机质含量越高，淋出溶液的浓度最早达到峰值并开始下降，淋洗过程首先完成。因此，土壤有机质作为土壤肥力物质，影响土壤的水盐动态。据此，可以通过提高土壤有机质含量，培肥地力，抑制土壤表层返盐，促进脱盐，达到以肥调控水盐的目的。有学者采用多元分析、变量聚类、主组元分析和多元回归分析，对盐碱地测定指标进行综合分析，最后确定了土壤有机质、全氮、速效磷、速效钾、土壤水扩散率、蔗糖酶6项为盐碱地培育（淡化肥沃层）的土壤肥力指标。

有学者提出培育盐碱地"淡化肥沃层"的方法有2种。①秸秆直接还田。为防止腐烂过程中麦秸与作物争水争氮，若土壤过干，铺盖前将土壤水分调节至18%~20%；每施用10 kg秸秆，增施1 kg尿素，用以调节碳氮比。正常年份黄淮海平原7~8月是高温多雨季节，秋种前，麦秸已大部分腐烂，秋耕时将麦秸与化肥同时耕翻入土，作为小麦基肥。②施用优质粪肥。对于一年两熟粮田，以盐碱地亩施1 000~2 000 kg粪肥为小麦基肥，小麦化肥基肥用量为每亩 8 kg N、8 kg P_2O_5。

腐殖酸作为有机肥的一种，广泛分布于土壤中，对土壤的培肥作用引起了人们的广泛关注。腐殖酸是一种带负电的胶体，能增加土壤阳离子吸附量，降低表土含盐量，中和土壤中的碱性物质，降低土壤pH值。腐殖酸中的羧基、羰基、醇羟基、酚羟基等基团有较强的离子交换能力和吸附能力，能减少铵态氮损失，提高氮肥利用率。腐殖酸能够显著增加土壤自生固氮菌的数量，强化生物固氮作用，提供更丰富的氮素营养。腐殖酸具有活化钾的功能，增加钾释放量，促进作物对钾的吸收，提高钾肥利用率。朱秋莲等人采用腐殖酸、有机质、秸秆等材料，研究不同配方改良盐碱地对枸杞生长的影响，结果表明，河沙+炉渣灰+腐熟的纯羊粪改良效果最好。

王立艳等人采用随机区组实验设计，以滨海盐碱地冬小麦–夏玉米轮作模式为例，通过大田实验研究了氮肥、有机肥、土壤改良剂不同配比对小麦产量、玉米产量及土壤肥力的影响。结果表明，在滨海盐碱地上种植冬小麦并施用氮肥、有机肥及土壤改良剂均可提高籽粒产量，且三者增产幅度分别为9.52%~29.52%、2.30%~17.82%、2.9%~11.48%；玉米季施用氮肥、有机肥均可提高玉米产量，增产幅度分别为29.37%~45.74%、1.69%~11.15%，土壤改良剂的后效对玉米也有明显增产效果，增产幅度为3.50%~8.33%。盐碱地施用氮肥、有机肥、土壤改良剂对提高土壤肥力效果明显，其中$N_2O_3A_2$效果最佳，土壤速效氮、速效磷、速效钾含量均最高；施用土壤改良剂能增加土壤有机质含量，降低土壤盐碱含量。由施肥效应模型可知，本实验条件下周年小麦玉米总产量最高可达 16 770.46 kg/hm^2，对应的氮肥、有机肥、土壤改良剂周年施用量分别为 763 kg/hm^2、2 250 kg/hm^2、3 167 kg/hm^2。因此，滨海盐碱地区冬小麦–夏玉米轮作模式施肥应重视氮肥、有机肥及土壤改良剂的配合施用。

2.2.2.2 合理施用缓控释尿素

氮肥的施用可以提高小麦株高、生物量、产量，普通氮肥与增效肥料均可提高小麦产量，在减氮25%的情况下，普通氮肥的施用使产量明显下降，增效肥料的施用使产量下降得不明显，这可能由于增效肥料养分释放缓慢、流失少、利用率高，在减氮25%的情况下，仍能满足小麦的生长需求。增效肥料在化肥减量增效方面效果显著，与普通氮肥相比，增效肥料可降低土壤硝态氮积累量和淋溶量。在相同施氮量的情况下，增效肥料可较长时间维持土壤供氮能力，减少氮素损失，氮肥利用率可提高 16.16%~79.47%。

控释肥与非控释肥结合并一次性施用，可以解决控释肥在作物生育前期养分释放稍慢的问题，满足作物整个生长发育期的养分需求，提高土壤养分有效性，具有较显著的增产效果。研究表明：一次性施肥处理（非控释氮和控释氮 1∶2 配合）与同等养分水平的优化施肥处理相比，棉花的干物质积累量和各器官氮、磷含量显著提高；一次性施肥处理的棉花花铃期氮、磷养分总积累量比优化施肥处理高。

有学者利用滨海盐碱地进行小麦大田实验，并与农民习惯施肥进行对比。结果表明：在 20~40 cm 土壤中，与农民习惯施肥处理相比，控释掺混肥处理可使土壤含盐量降低 6.6%~13.2%；与农民习惯施肥处理相比，控释掺混肥处理在小麦各个时期增加了耕层土壤的硝态氮含量，增幅为 2.9%~13.1%，差异显著；控释掺混肥处理的小麦千粒重和产量较高，分别为 37.45 g 和 5 963 kg /hm²，产量较农民习惯施肥处理增加 15.4%；控释掺混肥处理较农民习惯施肥处理纯收入增加 1 682 元 /hm²，差异显著。从施肥便捷性、小麦产量和纯收入方面考虑，在含盐量低的滨海盐碱地种植小麦，推荐施用控释掺混肥。

2.2.2.3　有机无机配施

有研究人员在宁夏盐碱地采用减施 1/2 化肥 + 增施 1 倍羊粪 + 增施 1 倍生物有机肥施肥模式（即冬灌前结合整地翻耕施入脱硫石膏 30 000 kg/hm²，化肥按纯 N 112.5 kg/hm²、P_2O_5 90 kg/hm²、K_2O 37.5 kg/hm²、$ZnSO_4$ 11.25 kg/hm² 计算施用，羊粪按 60 000 kg/hm² 施用，生物有机肥按 2 400 kg/hm² 施用，化肥、生物有机肥及羊粪播前基施，氮肥 70% 基施、30% 追施）。这种施肥模式可以显著提高 0~20 cm 土壤养分含量，降低土壤 pH 值和含盐量，极显著降低土壤 pH 值，有效改善土壤生物活性，使细菌数量增加 40.3 倍、放线菌数量增加 1.5 倍。

研究表明：减量化肥（习惯施肥量减量 20%）+ 有机肥处理下棉花产量较高，比不施肥处理高 31.14%，比习惯施肥处理高 13.37%；籽棉产量与吐絮期土壤碱解氮、有效磷含量显著正相关。研究表明：在秸秆还田并施用复合肥的基础上，鸡粪与牛粪混合施用或施入菌肥均可显著提高土壤养分含量，显著提高中低产田的土壤肥力和小麦产量；施入鸡粪、牛粪均可显著促进冬前小麦植株生长，还可增加穗长和茎粗，施用牛粪或施入低量菌肥均能显著提高小麦产量。有学者在甘肃沿黄灌区进行实验，研究表明，有机肥替代部分化肥的各处理产量均高于 100% 化肥处理，单施有机肥在短期内不能提高马铃薯块茎产量。

有学者在河西绿洲灌溉区进行实验，研究表明，有机肥替代 30% 化肥可显著提高玉米的株高、双穗率、地上部分生物量、产量、土壤养分容量，土壤可培养真菌、细菌、氨化细菌、固氮菌数量与土壤全氮、有效磷、有效钾、有机质含量显著正相关，土壤可培养放线菌数量与土壤养分含量负相关。不同施肥方式下土壤养分含量和土壤微生物数量随玉米生育期的完成而逐渐趋同化。施用有机肥替代化肥可以大幅度减少温室气体的排放，提升土壤肥力，提高小麦和玉米产量，使农业生态系统由碳源向碳汇转变。研究表明，习惯施肥量减量 20%~40% 配施以 3 000 kg/hm²、6 000 kg/hm² 有机肥可以使棉花增产，提高土壤矿化能力、土壤酶活性，调节土壤细菌、真菌、放线菌群落组成结构，改善北疆绿洲滴灌棉田土壤生物学性状。研究表明，在兼顾产量、籽粒品质等因素下，利用常规化肥用量的 75%，其余亏缺的养分用有机肥补充，能获得比单施化肥处理更高的产量，并在一定程度上改善作物品质，减少过度施用化肥造成的环境污染。

2.2.2.4 秸秆还田技术

作物秸秆中有大量有机质，是农业生产中重要的有机肥源之一。据报道，100 kg 鲜秸秆所含营养成分相当于 2.4 kg 氮肥、3.8 kg 磷肥和 3.4 kg 钾肥。将 500 kg 农作物秸秆还田相当于给土壤施入 50 kg 以上标准肥，土壤有机质含量可提高 0.03% 左右，可以降低土壤容重，提高透水性、透气性，增强蓄水保墒能力。

秸秆还田技术有多种，如秸秆覆盖、整株还田、根茬粉碎还田、秸秆生物质反应堆等。研究表明：在滨海盐碱地连续 3 年棉花秸秆还田可以显著降低耕层土壤容重和土壤微团聚体含量，显著提高土壤大团聚体含量，显著提高土壤有机质、硝态氮、铵态氮和速效钾含量，显著降低土壤含盐量；与未还田相比，棉花秸秆还田显著提高棉花籽棉产量和皮棉产量，但对棉花单铃重和衣分无显著影响。

秸秆还田、秸秆还田+秸秆覆盖、秸秆覆盖等方式对改良滨海盐碱地有一定的效果，相比单一的改良肥，秸秆还田方式具有结构改良和肥力改良的双重效果；相比不同的覆盖材料，在降碱排盐和应对返盐条件下，秸秆覆盖具有更加稳定且生态环保的优势；在自然环境条件变化下，秸秆综合利用方式能够有效减少毛细作用，抑制地表蒸发，提升土壤有机质含量，具有良好的改良效果。

2.2.2.5 土壤改良剂施用技术

在作物生长早期，施用改良剂 $CaSO_4$ 可提高土壤表层电导率；在作物生长中、后期，施用改良剂 $CaSO_4$ 与不施改良剂的土壤表层电导率接近。改良剂具有增加植株 K^+ 含量、降低植株 Na^+ 含量、减轻植株盐分离子胁迫的调控作用。在重度滨海盐土原土上，掺拌秸秆能有效降低土壤容重，增加土壤非毛细管孔隙度，提升土壤饱和导水率，实现土壤的快速脱盐不返盐。掺拌秸秆+粗砂+石膏可以改善土壤的理化性质，提高绿化植物成活率。研究表明："脱硫废弃物施用+平整土地+深松耕+水盐调控+平衡施肥+耐盐作物种植"模式对改良轻度碱化盐荒地有较好的效果；施用脱硫石膏+改良剂的水稻各生育时期株高、SPAD 值、光合速率、脯氨酸含量、过氧化物酶活性等指标显著优于空白对照组，对盐碱地的改良效果优于其他处理。

2.2.3 水肥耦合技术

灌溉施肥是农业活动中重要的农艺措施。盐碱地的灌溉施肥必须兼顾压盐、供水、供肥，单一的施肥、灌溉不能做到综合降盐改碱和增产。水肥的合理调控是降低滨海盐碱地含盐量和促使作物增产的重要措施。

灌溉能有效降低土壤盐分，施肥易造成盐碱地的板结。合理调控水肥既能降低土壤含盐量，也能改善土壤性状。有学者对内陆平原盐碱地小麦的种植技术提出了通过水肥调控改善盐碱地土壤碱、板、凉、薄的想法，在总结多年低洼盐碱地水稻栽培经验的基础上，提出了盐碱地水稻科学种植中水肥耦合的科学增产途径，系统讨论了河套地区盐分胁迫下不同水肥管理模式对土壤与作物的影响，结果表明，轻度盐碱地正常低肥水肥组合模式效果较好，中度盐碱地旱低肥水肥组合模式效果较好，重度盐碱地正常高肥水肥组合模式效果较好。有学者探讨了黄河三角洲轻度盐碱化土水肥盐的互作效应关系，明确不同水肥运筹模式对轻度盐碱化土的改良效果及夏玉米增产效应，结果表明：灌水 1 倍耕层土壤孔隙体积 + 施肥（N–P_2O_5–K_2O：270–90–0，kg/hm^2）1:2 基追比运筹模式最经济有效；灌水 1.5 倍耕层土壤孔隙体积 + 施肥（N–P_2O_5–K_2O：270–90–0，kg/hm^2）1:2 基追比运筹模式可作为当地长期控盐、稳产增产及提高水肥利用率的推荐运筹模式。

有学者针对黄淮海平原等易盐地区耕地盐碱障碍消减和综合质量提升的研究目标，开展多因子和不同因子水平下的微区玉麦轮作实验，综合分析氮肥投入、土壤培肥、秸秆覆盖、优化灌溉等措施对不同盐碱程度耕地生产力、水肥盐状况等综合质量的调控效果，初步提出水肥盐优化调控模式。研究表明：易盐区枯水年夏玉米种植期积盐风险高于冬小麦期；单一的高氮投入措施利于轻度盐碱耕地增产，但对中度盐碱耕地产量提升和盐渍害防控效果不显著；有机肥的施用可有效培肥土壤，促进土壤排盐抑碱，提升生产力；秸秆覆盖能显著提升土壤保水能力、抑制表土盐碱化，但其对作物根层盐碱抑制效果不明显，需结合优化灌溉来加速根层盐分淋洗；水肥盐优化调控措施可提高盐碱地供氮能力，减少化肥用量，降低农业成本，改善土壤生态环境。

参考文献

[1] 付腾飞,张颖,徐兴永,等.山东滨海低平原区盐渍土盐分的时空变异研究[J].海洋开发与管理,2017(12):38-45.

[2] 赵耕毛,刘兆普,陈铭达,等.不同降雨强度下滨海盐渍土水盐运动规律模拟实验研究[J].南京农业大学学报,2003,26(2):51-54.

[3] 刘广明,杨劲松.地下水作用条件下土壤积盐规律研究[J].土壤学报,2003,40(1):65-69.

[4] 余世鹏,杨劲松,刘广明.不同水肥盐调控措施对盐碱耕地综合质量的影响[J].土壤通报,2011,42(4):942-947.

[5] 张鹏锐,李旭霖,崔德杰,等.滨海重盐碱地不同土地利用方式的水盐特征[J].水土保持学报,2015,29(2):117-121,203.

[6] 贾春青,张瑞坤,陈环宇,等.滨海盐碱地地下水位对土壤盐分动态变化及作物生长的影响[J].青岛农业大学学报,2018,35(4):283-290.

[7] 姚荣江,杨劲松.黄河三角洲地区土壤盐渍化特征及其剖面类型分析[J].干旱区资源与环境,2007,21(11):106-112.

[8] 杨劲松,姚荣江.黄河三角洲地区土壤水盐空间变异特征研究[J].地理科学,2007,27(3):348-353.

[9] 王立艳,肖辉,程文娟,等.滨海盐碱地不同培肥方式对作物产量及土壤肥力的影响[J].华北农学报,2016,31(5):222-227.

[10] 张亚年,李静.暗管排水条件下土壤水盐运移特征试验研究[J].人民长江,2011,42(22):70-72,88.

[11] 周和平,张立新,禹锋,等.我国盐碱地改良技术综述及展望[J].现代农业科技,2007(11):159-161,164.

[12] 韩霁昌,解建仓,成生权,等.以蓄为主盐碱地综合治理工程设计的合理性研究[J].水利学报,2009,40(12):1512-1516.

[13] 韩霁昌,解建仓,朱记伟,等.陕西卤泊滩盐碱地综合治理模式的研究[J].水利学报,2009,40(3):372-377.

[14] 胡一,韩霁昌,杜宜春,等.陕西盐碱地分布成因与开发造田模式分析[J].安徽农业科学,2015,43(11):301-303.

[15] 孙贯芳,屈忠义,杜斌,等.不同灌溉制度下河套灌区玉米膜下滴灌水热盐运移规律[J].农业工程学报,2017,33(12):144-152.

[16] LIU M X, YANG J S, LI X M, et al. Distribution and dynamics of soil water and salt under different drip irrigation regimes in northwest China[J]. Irrigation Science, 2013, 31：675-688.

[17] 王鹏山, 张金龙, 苏德荣, 等. 不同淋洗方式下滨海沙性盐渍土改良效果[J]. 水土保持学报, 2012, 26(3)：136-140.

[18] 李志刚, 刘小京, 张秀梅, 等. 冬季咸水结冰灌溉后土壤水盐运移规律的初步研究[J]. 华北农学报, 2008, 23(增刊)：187-192.

[19] 郭凯, 张秀梅, 李向军, 等. 冬季咸水结冰灌溉对滨海盐碱地的改良效果研究[J]. 资源科学, 2010, 32(3)：431-435.

[20] 郭凯, 巨兆强, 封晓辉, 等. 咸水结冰灌溉改良盐碱地的研究进展及展望[J]. 中国生态农业学报, 2016, 24(8)：1016-1024.

[21] 刘小京. 环渤海缺水区盐碱地改良利用技术研究[J]. 中国生态农业学报, 2018, 26(10)：1521-1527.

[22] 马军. 低洼盐碱地水稻高产栽培技术[J]. 宁夏农林科技, 2010(5)：84-85.

[23] 辛静静. 盐分胁迫下不同水肥管理模式和残膜量对土壤与作物影响研究[D]. 呼和浩特：内蒙古农业大学, 2013.

[24] 伍玉鹏, 彭其安, SHAABAN M, 等. 秸秆还田对土壤微生物影响的研究进展[J]. 中国农学通报, 2014, 30(29)：175-183.

[25] 杨建国, 樊丽琴, 许兴, 等. 盐碱地改良技术集成示范区水土环境变化研究初报[J]. 中国农学通报, 2011, 27(1)：279-285.

[26] 范富, 徐寿军, 宋桂云, 等. 玉米秸秆造夹层处理对西辽河地区盐碱地改良效应研究[J]. 土壤通报, 2012, 43(3)：696-701.

[27] 范富, 张庆国, 邰继承, 等. 玉米秸秆夹层改善盐碱地土壤生物性状[J]. 农业工程学报, 2015, 38(4)：133-139.

[28] 郭相平, 杨泊, 王振昌, 等. 秸秆隔层对滨海盐渍土水盐运移影响[J]. 灌溉排水学报, 2016, 35(5)：22-27.

[29] 沈婧丽, 王彬, 田小萍, 等. 不同改良模式对盐碱地土壤理化性质及水稻产量的影响[J]. 江苏农业学报, 2016, 32(2)：338-344.

[30] 郑艳美. 秸秆生物反应堆对滨海盐碱土的改良培肥效果[J]. 贵州农业科学, 2013, 41(5)：97-99.

[31] 徐娜娜, 解玉红, 冯炘. 添加秸秆粉对盐碱地土壤微生物生物量及呼吸强度的影响

[J].水土保持学报,2014,28(2):185-188,194.

[32] 李小牛.盐碱地秸秆覆盖对向日葵生长发育及产量的影响[J].山西水土保持科技,2015(4):13-14.

[33] 孙甲霞,康跃虎,胡伟,等.滨海盐渍土原土滴灌水盐调控对土壤水力性质的影响[J].农业工程学报,2012,28(3):107-112.

[34] 孙凯宁,王克安,杨宁.隔盐方式对设施盐渍化土壤主要盐离子空间分布及酶活性的影响[J].水土保持研究,2018,25(3):57-61.

[35] 王琳琳,李素艳,孙向阳,等.不同隔盐措施对滨海盐碱地土壤水盐运移及刺槐光合特性的影响[J].生态学报,2015,35(5):1388-1398.

[36] 王婧,逢焕成,任天志,等.地膜覆盖与秸秆深埋对河套灌区盐渍土水盐运动的影响[J].农业工程学报,2012,28(15):52-59.

[37] 郭新送.滨海轻度盐渍化土小麦水肥运筹模式研究[D].泰安:山东农业大学,2015.

[38] 张强,赵文娟,陈卫峰,等.盐碱地修复与保育研究进展[J].天津农业科学,2018,24(4):65-70.

[39] HALVORSON A D,REULE C A,ANDERSON R L.Evaluation of management practices for converting grassland back to cropland[J].Journal of Soil and Water Conservation,2000,55(1):57-62.

[40] 刘春卿,杨劲松,陈德明.管理调控措施对土壤盐分分布和作物体内盐分离子吸收的作用[J].土壤学报,2004,41(2):230-236.

[41] 王金才,尹莉.盐碱地改良技术措施[J].现代农业科技,2011(12):282,284.

[42] 朱义,崔心红,张群,等.有机肥料对滨海盐渍土理化性质和绿化植物的影响[J].上海交通大学学报,2012,30(4):91-96.

[43] 罗佳,盛建东,王永旭,等.不同有机肥对盐渍化耕地土壤盐分、养分及棉花产量的影响[J].水土保持研究,2016,23(3):48-53.

[44] 于秀丽,赵明家.增施生物有机肥对盐碱土壤养分的影响[J].吉林农业大学学报,2013,35(1):50-54,57.

[45] 朱萍,王华,夏伟,等.微酸性有机肥用量对滩涂土壤理化性状及水稻产量的影响[J].上海农业学报,2015,31(6):101-103.

[46] 王帅,杨阳,郑伟,等.不同培肥方式对盐碱土壤肥力改良效果的研究[J].中国农学通报,2012,28(33):172-176.

[47] 周连仁,国立财,于亚利.秸秆还田对盐渍化草甸土有机质及微团聚体组分的影响

[J].东北农业大学学报,2012,43(8):123-127.

[48] 王燕辉,吉艳芝,崔江慧,等.滨海盐渍土地区不同有机肥对玉米体内养分浓度及分配的影响[J].华北农学报,2016,31(2):164-169.

[49] 宇万太,姜子绍,马强,等.施用有机肥对土壤肥力的影响[J].植物营养与肥料学报,2009,15(5):1057-1064.

[50] 葛云,程知言,胡建,等.不同秸秆利用方式下江苏滨海盐碱地盐碱障碍调控[J].江苏农业科学,2018,46(2):223-227.

[51] 李金彪,刘广明,陈金林,等.不同物料掺拌对滨海重度盐土的改良效果研究[J].土壤通报,2017,48(6):1481-1485.

[52] 秦都林,王双磊,刘艳慧,等.滨海盐碱地棉花秸秆还田对土壤理化性质及棉花产量的影响[J].作物学报,2017,43(7):1030-1042.

[53] 李芙荣.滨海滩涂盐渍土覆盖阻盐控盐和土壤质量提升技术模式研究[D].马鞍山:安徽工业大学,2013.

[54] 陈静,黄占斌.腐植酸在土壤修复中的作用[J].腐植酸,2014(4):30-34,65.

[55] 朱秋莲,何长福,聂玉红,等.土壤盐碱地改良试验研究:以腐殖酸、有机质等基质改良盐碱地为例[J].农业科技与信息,2015(3):42-43.

[56] 程文娟,肖辉,王立艳,等.滨海盐碱地氮肥高效利用及作物高产施肥技术研究[J].天津农业科学,2017,23(6):30-33.

[57] 何伟,韩飞,关瑞,等.滨海盐碱地不同施肥模式对棉花氮磷养分积累和产量的影响[J].水土保持学报,2018,32(3):295-300.

[58] 朱家辉,陈宝成,王晓琪,等.滨海盐碱地控释掺混肥配施调理剂对小麦生长的影响[J].化肥工业,2017,44(2):61-66.

[59] 尹志荣,黄建成,桂林国.稻作条件下不同施肥模式对原土盐碱地的改良培肥效应[J].土壤通报,2016,47(2):414-418.

[60] 吕丽华,姚海坡,申海平,等.不同肥料种类对小麦产量和土壤肥力的影响[J].河北农业科学,2016,20(2):34-39.

[61] 高怡安,程万莉,张文明,等.有机肥替代部分化肥对甘肃省中部沿黄灌区马铃薯产量、土壤矿质氮水平及氮肥效率的影响[J].甘肃农业大学学报,2016,51(2):54-60,68.

[62] 祝英,王治业,彭轶楠,等.有机肥替代部分化肥对土壤肥力和微生物特征的影响[J].土壤通报,2015,46(5):1161-1167.

[63] 陶瑞，唐诚，李锐，等.有机肥部分替代化肥对滴灌棉田氮素转化及不同形态氮含量的影响[J].中国土壤与肥料，2015(1)：50-56.

[64] LIU H T, LI J, LI X, et al. Mitigating greenhouse gas emissions through replacement of chemical fertilizer with organic manure in a temperate farmland [J]. Science Bulletin, 2015, 60(6): 598-606.

[65] 陶磊，褚贵新，刘涛，等.有机肥替代部分化肥对长期连作棉田产量、土壤微生物数量及酶活性的影响[J].生态学报，2014，34(21)：6137-6146.

[66] 李占，丁娜，郭立月，等.有机肥和化肥不同比例配施对冬小麦-夏玉米生长、产量和品质的影响[J].山东农业科学，2013，45(7)：71-77，82.

[67] 陈志龙，陈杰，许建平，等.有机肥氮替代部分化肥氮对小麦产量及氮肥利用率的影响[J].江苏农业科学，2013，41(7)：55-57.

[68] 孟红旗，吕家珑，徐明岗，等.有机肥的碱度及其减缓土壤酸化的机制[J].植物营养与肥料学报，2012，18(5)：1153-1160.

[69] 冯功堂，由希尧，李大康，等.干旱区潜水蒸发埋深及土质关系实验分析[J].干旱区研究，1995，12(3)：78-84.

[70] 郭凯，陈丽娜，张秀梅，等.不同钠吸附比的咸水结冰融水入渗后滨海盐土的水盐分布[J].中国生态农业学报，2011，19(3)：506-510.

[71] 焦晓燕，池宝亮，李东旺，等.盐碱地秸秆覆盖效应的研究[J].山西农业科学，1992(8)：1-4.

[72] 曾建华，潘孝忠，吉清妹，等.控释掺混肥不同施用量对水稻产量的影响[J].广东农业科学，2014，41(24)：72-75.

[73] 张书乐.有机肥替代部分化肥对马铃薯干物质积累与分配以及对土壤生物学性状的影响[D].兰州：甘肃农业大学，2014.

[74] 韩鲁佳，闫巧娟，刘向阳，等.中国农作物秸秆资源及其利用现状[J].农业工程学报，2002，18(3)：87-91.

第3章
滨海盐碱地多水源高效利用技术

适宜的水分是维持作物生长的首要前提。少量的土壤盐分对作物正常生长的影响较小，但土壤盐分超过一定限度将抑制作物生长发育和产量形成。盐碱地土壤中水分是盐分的溶剂和移动载体，水盐运动密不可分。在土壤水分循环过程中，溶解的盐分随着水分运动和变化；盐分浓度又会对水分运动产生作用。盐分对作物生长的影响需溶解在水中才能显现出来，水分对作物生长的影响又受到盐分的制约，盐分的存在降低了水分的有效性。采用适当的灌溉、耕作措施调控土壤水盐分布可以促使作物根区土壤水盐含量在适宜范围之内，是实现盐碱地作物高产的重要前提。若灌溉方法不当，则可能会恶化土壤环境，引发水盐胁迫，危害作物生长。在灌溉过程中，灌溉水对土壤水盐动态产生如下影响：一方面，能将表土盐分淋向下部土层；另一方面，渗漏水补给土壤水及地下水，抬高地下水位，增强土壤水盐的向上运动，如果这一作用强于灌溉和降水的淋盐作用，则会导致盐分表聚，产生土壤次生盐碱化。

黄河三角洲地区是黄河水流携带泥沙在现代入海口的渤海凹陷处沉积而形成的扇形冲积平原，该区域在海水反复浸灌与蒸发循环后，盐碱成分逐渐沉积，导致严重的土壤盐碱化。在强烈蒸发作用下，黄河三角洲的土壤及地下水中的可溶性盐分随毛细管水流上升，经不断蒸发浓缩而积聚于地表。土壤垦殖后，植被破坏、过量灌溉导致地下水位上升，也会引起土壤盐分在地表累积，致使土壤质量退化，严重情况下导致耕地撂荒，从而给人们的生产、生活以及生态环境带来不良影响。

滨海地区淡水资源匮乏，作物生长过程中时常遭受干旱胁迫、盐分胁迫或水盐联合胁迫的影响，作物对灌溉的依赖性强。采用合理的灌排技术、高效利用咸淡水资源可以调控作物根区土壤水盐分布，对实现滨海盐碱地作物高效生产至关重要。本章将阐述滨海盐碱地多水源高效利用技术。

3.1 滨海盐碱地咸水利用模式

滨海盐碱地的改良需要大量淡水进行冲洗压盐，然而，我国有些地区淡水资源严重缺乏，但地下咸水储量丰富。滨海盐碱地的主要成因是浅层地下咸水蒸发导致土壤聚盐。合理利用浅层地下咸水可以降低地下水位，并从根本上治理盐碱地。实践证明，若灌溉管理得当，咸水可以替代淡水用于盐碱地水盐调控和农业生产。大量未开发利用咸水的存在，不仅闲置了有限的水资源，而且给农业生产、环境保护带来威胁。大量地下咸水会造成土地盐碱化，影响作物产量，也使地下水长期处于饱和状态，占据有效地下库容，影响抗旱、防涝和治碱。滨海地区咸水开发利用不仅有利于缓解区域水资源短缺与需求量增加的矛盾，而且有利于地下水资源更新、淡水储存、环境生态保护，对实现盐碱地改良和农业持续稳定发展具有重要意义。

若咸水灌溉管理得当，则可以补充土壤水分，淋溶土壤盐分，促进作物生长发育；若咸水灌溉管理不当，则易导致盐离子在根际层土壤中存留，积累过量会造成土壤质量恶化和作物减产。研究表明，利用咸水进行灌溉时，一次性灌溉量不宜过低，否则会使一部分盐分滞留在表层土壤。利用咸水进行灌溉时，灌溉水带入土壤的盐分在土壤中积累与淋洗交替进行，当灌溉水矿化度小于 3 g/L 时，土壤剖面中的盐分处于平衡状态；当灌溉水矿化度大于 3 g/L 时，有不同程度的积盐。选用适宜的灌溉模式是控制盐分在作物根区累积、实现咸水安全利用的关键。下面对咸水灌溉方式、咸水利用方式、咸水灌溉制度、咸水灌溉存在的问题及其技术措施总结如下。

3.1.1 咸水灌溉方式

灌溉方式是影响土壤水盐分布和运移特性的重要因素之一，采用不同方式灌溉同一矿化度咸水对作物造成的影响效应存在很大差异。常用的咸水灌溉方式包括地面灌溉（畦灌和沟灌）、微灌（微喷灌、地表滴灌、膜下滴灌、地下滴灌、涌泉灌）等。

地面灌溉是采用畦、沟等地面设施对作物进行灌水的方式。地面灌溉是将灌溉水引入农田后，在重力和毛细管力作用下渗入土壤；该灌溉方式的田建工程设施简单，无须能源，易于实施。地面灌溉具有灌水定额大、灌水均匀性差、劳动生产率较低等缺点。对于咸水而言，灌水定额大意味着带入农田的盐分多，灌水后蒸发强度大易导致盐分表聚，因此，在我国降雨稀少的西北内陆盐碱地不建议采用地面灌溉技术。滨海盐碱区降水量较大，能够对咸水带入作物根区土壤的盐分形成有效淋洗，可采用地面灌溉技术，但需要制订较严格的灌溉水矿化度阈值。

微灌是按照作物需求，通过管道系统与安装在末级管道上的灌水器，将水和作物生长所需的养分以较小的流量均匀、准确地直接输送到作物根部附近土壤的灌水方式。与地面灌溉相比，微灌仅以较小的流量湿润作物根区附近的部分土壤，因此，又称局部灌溉技术。微灌具有省工、节水、灌溉均匀度高、适应性强、易于实现自动控制等优点，但投资大、灌水器易堵塞、对灌溉水质要求高、技术要求较复杂。滴灌一般沿作物种植行铺设滴灌管或滴灌带；优点是局部湿润，节水效果好，可将土壤盐分淋洗到根部区域外，被认为是适于咸水灌溉的方式之一。滴灌主要有 2 个优势：一是避免叶面灼伤；二是滴灌的高频淋洗作用促使盐分向湿润锋附近积累，从而在滴头附近范围内形成一淡化区，同时维持较高的土壤基质势，进而为作物生长创造良好的水分环境。

3.1.2　咸水利用方式

咸水利用方式包括咸水直接灌溉、咸淡水混合灌溉和咸淡水交替灌溉（咸淡轮灌）。

咸水直接灌溉用于没有淡水资源或淡水资源严重缺乏的地区，咸水矿化度最好小于 5 g/L 且 Na^+ 含量不宜过高。

咸淡水混合灌溉是将咸水和淡水合理配比形成适合作物生长的微咸水再用于灌溉。该技术主要利用作物各生长时期要求灌溉水矿化度有一个阈值的原理，淡水和咸水混合后将灌溉水矿化度控制在这一阈值之内，以满足各种作物对灌溉水的要求。咸淡水混合灌溉可节约淡水，同时能够利用较高矿化度的咸水。

咸淡水交替灌溉（咸淡轮灌）是根据实际条件和作物生长需求交替使用高低浓度的水进行灌溉。咸淡水交替灌溉可有效调控作物根区水盐分布，是保证作物健康生长、提高水资源利用效率的重要措施。一般情况下，在不同作物轮作或套种时，耐盐性较强的作物用咸水灌溉，耐盐性较弱的作物用淡水灌溉；根据作物不同生长阶段耐盐性存在差异的特点，在作物生长早期、对盐分较敏感的阶段用淡水灌溉，在作物生长后期、对盐分不敏感的阶段用咸水灌溉。不同质量水源利用方式的选择取决于水源的矿化度、作物种类、作物耐盐特性、种植模式、气候条件、土壤质地、经济发展水平等。

3.1.3　咸水灌溉制度

灌溉制度是作物播种前以及全生育期内的灌水次数、灌水日期、灌水定额和灌溉定额。咸水灌溉应根据作物种类、土壤特征、灌溉水质、气候条件来确定合理的灌溉制度。咸水安全灌溉的关键在于控制作物根区土壤溶液含盐量。对于咸淡轮灌地区，咸水浓度越高，咸水灌溉次数应越少；对于咸水直接灌溉的地区，为了降低土壤溶液的浓度以及淋洗土壤中的含盐量，应加大咸水灌溉定额，尤其是一次灌溉水量。在干旱和半干旱地区，缩短灌溉周期、加大灌溉频率是减少咸水灌溉造成根系土层盐分积累的有效方法。在土壤含盐量较低（小于0.2%）的情况下，可采用"少量勤灌"的灌溉制度；在土壤含盐量较高的情况下，可采用大定额灌溉。不同质地的土壤应采用不同的灌水定额和灌溉定额。

3.1.4 咸水灌溉存在的问题及其技术措施

咸水灌溉易造成土壤盐分累积，导致盐分胁迫；在灌水量不足情况下，咸水灌溉会引起水盐联合胁迫。长时间或严重的水盐处理会使作物产生不可逆的代谢失常，严重影响作物发育和产量，甚至造成整株植物死亡。

咸水灌溉的关键是把握好满足作物对水分的需求与控制盐分危害的关系，确保根区土壤含盐量在适当范围之内。利用咸水灌溉时，配合采用适当的调控措施，能促使有害盐分排出土体或耕层土壤，减少根区土壤盐分的积累。咸水灌溉时施用土壤改良剂可以改善土壤孔隙状况和土壤结构，提高土壤阳离子代换量，促使有害离子排出土体，吸附与固定对土壤物理性状有改善作用的离子（如K^+、Ca^{2+}、Mg^{2+}等），从而减少有害离子在土壤溶液中所占的比例，减轻对作物的危害。

农艺措施可以调控土壤水盐运动和规避盐分危害，是实现盐碱地改良和咸水安全利用的重要保障。咸水灌溉配合增施有机肥料、地膜覆盖等土壤管理措施，可以增加土壤养分，改善土壤结构，增加土壤孔隙，减弱盐分上升积累，促进土壤盐分淋洗，进而促进作物生长、提高产量。秸秆覆盖不仅可以增加土壤养分、调节土壤温度、抑制田间杂草生长，而且具有良好的蓄水保墒抑蒸效果。咸水灌溉与秸秆覆盖技术相结合，可以明显抑制土壤蒸发，有效控制土壤盐分表聚，增大降水对盐分的淋洗效率，进而提高作物产量和咸水利用效率。

咸水灌溉最好选在作物耐盐性较强的时期进行，通常情况下，作物在萌发出苗阶段和幼苗阶段耐盐性较弱，在生长后期耐盐性较强。咸水灌溉次数尽量要少，只浇关键水。适宜的改良措施包括水利改良（农田排水）、农艺改良（使用有机肥、农田覆盖、间作、轮作）、生物改良（利用植物、微生物的生命活动）、化学改良（通过增加Ca^{2+}含量和降低Na^+含量，提高土壤渗透性和透气性）。

3.2 滨海盐碱地农艺节水技术

滨海盐碱地土壤含盐量高的主要原因是地下水位浅，浅层地下水矿化度高。通过适宜的耕作或农艺措施调控土壤水盐分布并降低地下水位，可以为作物根系生长创造适宜水热盐环境，这对改良滨海盐碱地、实现作物高产非常重要。

3.2.1　土下覆膜保水抑盐技术

在盐碱旱地，为减少地表蒸发、改善土壤水盐运移过程、避免盐分上升危害主要根系，可在膜上覆盖一层薄土以防止播种后遇风穴孔错位，增加地膜与地表的紧密接触，促使作物破膜出苗，延长地膜使用寿命。覆土能有效阻隔光线直接照射，避免增温过高，使增温效果满足在冬小麦适宜的温度范围之内，提高作物群体系统自动调节能力，增产效果显著，实现土壤水分高效利用的目标。小麦收获后不揭膜、不耕地，保留地膜再种植玉米。

3.2.2　起垄沟播覆膜节水补灌技术

起垄沟播覆膜节水补灌技术能促使土壤盐分向垄上部位聚集，沟底覆膜具有保墒、保温、集雨、排盐的作用。若辅以膜下沟底滴灌补灌，保墒避盐效果更佳。该技术适用于环渤海低平原区淡水资源匮乏、土壤含盐量高的中重度盐碱地植棉。针对不同盐碱程度，可设置成不同规格的沟垄尺寸。

3.2.3　秸秆覆盖保墒抑盐技术

滨海盐碱地土壤含盐量高，在气候干燥、土壤蒸发强度大的情况下，盐分将不断向地表聚集，致使作物生长受到抑制。有研究表明，土壤盐碱化的根本原因是含有盐分的水在土体中运动。解决土壤盐碱化的关键是减少土壤水分蒸发、降低地下水位。通过地面覆盖、减少地面蒸发、抑制盐分表聚促使盐分向地表聚集逐渐减弱。常见的覆盖措施包括地膜覆盖和秸秆覆盖。普通地膜具有透光率高、不透气、质轻耐久、显著的增温保水作用等特性；普通地膜不易降解，会阻隔降雨入渗。秸秆覆盖具有保墒调温、培肥土壤、防止水土流失的作用，实现了农业废弃物的资源化利用，是改良盐碱地的重要农艺措施之一。研究表明：秸秆覆盖可以改善土壤水盐状况，提高土壤质量；秸秆深埋 30 cm 或 40 cm 可以改善土壤结构，提高土壤含水率，具有良好的控抑盐效果，能显著提高作物产量。

参考文献

[1] RAINE S R, MEYER W S, RASSAM D W, et al. Soil-water and solute movement under precision irrigation: knowledge gaps for managing sustainable root zones[J]. Irrigation Science, 2007, 26: 91-100.

[2] 邓玲, 魏文杰, 胡建, 等. 秸秆覆盖对滨海盐碱地水盐运移的影响[J]. 农学学报, 2017, 7(11): 23-26.

[3] 佴军, 张洪程, 陆建飞. 江苏省水稻生产30年地域格局变化及影响因素分析[J]. 中国农业科学, 2012, 45(16): 3446-3452.

[4] 郭凯, 巨兆强, 封晓辉, 等. 咸水结冰灌溉改良盐碱地的研究进展及展望[J]. 中国生态农业学报, 2016, 24(8): 1016-1024.

[5] 李丹, 万书勤, 康跃虎, 等. 滨海盐碱地微咸水滴灌水盐调控对番茄生长及品质的影响[J]. 灌溉排水学报, 2020, 39(7): 39-50.

[6] 李晓彬, 康跃虎. 滨海重度盐碱地微咸水滴灌水盐调控及月季根系生长响应研究[J]. 农业工程学报, 2019, 35(11): 112-121.

[7] 逢焕成, 杨劲松, 严惠峻. 微咸水灌溉对土壤盐分和作物产量影响研究[J]. 植物营养与肥料学报, 2004, 10(6): 599-603.

[8] 彭成山, 杨玉珍, 郑存虎, 等. 黄河三角洲暗管改碱工程技术实验与研究[M]. 郑州: 黄河水利出版社, 2006.

[9] 孙池涛. 冀东滨海棉田土壤水盐运移规律及模拟[D]. 北京: 中国农业科学院, 2017.

[10] 王相平, 杨劲松, 姚荣江, 等. 苏北滩涂水稻微咸水灌溉模式及土壤盐分动态变化[J]. 农业工程学报, 2014, 30(7): 54-63.

[11] 吴向东. 滨海盐碱地田块尺度土壤水盐空间变异的初步研究[D]. 西安: 长安大学, 2012.

[12] 肖振华, 万洪富. 灌溉水质对土壤水力性质和物理性质的影响[J]. 土壤学报, 1998, 35(3): 359-366.

[13] 杨东, 李新举, 孔欣欣. 不同秸秆还田方式对滨海盐渍土水盐运动的影响[J]. 水土保持研究, 2017, 24(6): 74-78.

[14] 张俊鹏. 咸水灌溉覆膜棉田水盐运移规律及耦合模拟[D]. 北京: 中国农业科学院, 2015.

[15] 赵永敢, 李玉义, 胡小龙, 等. 地膜覆盖结合秸秆深埋对土壤水盐动态影响的微区试验[J]. 土壤学报, 2013, 50(6): 1129-1137.

［16］周和平，张立新，禹锋，等.我国盐碱地改良技术综述及展望［J］.现代农业科技，2007（11）：159-161，164.

［17］王兴军，侯蕾，厉广辉，等.黄河三角洲盐碱地高效生态利用新模式［J］.山东农业科学，2020，52（8）：128-135.

［18］朱建峰，崔振荣，吴春红，等.我国盐碱地绿化研究进展与展望［J］.世界林业研究，2018，31（4）：70-75.

［19］董红云，朱振林，李新华，等.山东省盐碱地分布、改良利用现状与治理成效潜力分析［J］.山东农业科学，2017，49（5）：134-139.

［20］刘传孝，李克升，耿雨晗，等.黄河三角洲不同土地利用类型土壤微观结构特征［J］.农业工程学报，2020，36（6）：81-87.

［21］王玉梅.浅析节水灌溉技术发展现状及对策［J］.中国新技术新产品，2015（9）：172.

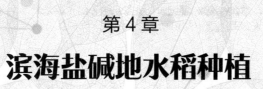

第 4 章
滨海盐碱地水稻种植

在水资源充足的沿海滩涂地区种植耐盐水稻品种，可实现以稻治涝、以稻治盐的目标。黄河三角洲地区水稻种植历史悠久。

4.1　盐碱地水稻生长发育

盐碱地含盐量高、土壤贫瘠，影响水稻生长发育。盐碱地种植水稻，往往种子萌发慢，成秧率低，分蘖减少，生长量小，抽穗困难，甚至不能抽穗或包颈，颖花育性差，千粒重低，最终导致产量不高。盐处理导致水稻减产的幅度与盐浓度、环境条件、品种特性密切相关。水稻在不同发育阶段对盐的耐受性也存在差异，有学者认为，水稻在种子萌发期、分蘖期和成熟期耐盐性相对较强，在幼苗早期和幼穗分化期耐盐性相对较弱。有学者认为，水稻在种子萌发期和幼苗期对盐比较敏感，很低的盐浓度会抑制种子萌发和幼苗生长。在低盐浓度条件下，对水稻的影响主要是由渗透压胁迫、营养失调和离子毒害引起的；在中高盐浓度条件下，对水稻的影响主要是由营养失衡和离子积累产生的离子毒害引起的。盐碱地水稻种植中，除了土壤含盐量高对水稻有较大的影响外，其他相关因子（如土壤pH值、水分和养分吸收不畅等）也会影响水稻生长发育和最终产量。

水稻生育期分为种子萌发期、幼苗期、分蘖期、拔节期、孕穗期、抽穗期、扬花期、乳熟期、蜡熟期和完熟期（图4-1）。

盐分对水稻的各生育时期均产生影响。水稻对盐害的响应分为如下阶段：一是快速的渗透压胁迫阶段，时间较短，主要表现为水稻发育减缓、新叶生长受抑制；二是缓慢的离子毒害阶段，时间较长，盐离子被水稻吸收并在老叶中积累，影响体内离子平衡，最终导致叶片死亡（图4-2）。

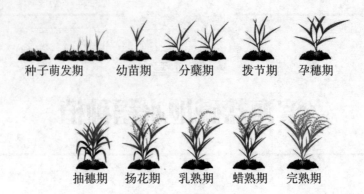

图4-1 水稻生育期

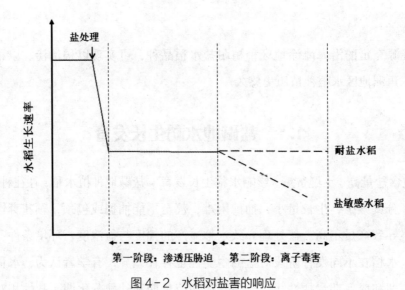

图4-2 水稻对盐害的响应

4.1.1 盐处理对水稻种子萌发的影响

种子萌发影响水稻发育进程。根系是水稻吸收水分及营养元素的重要器官，具有合成、储存、疏导营养物质的功能。根系与土壤直接接触，易受盐处理的影响。盐分对种子萌发的影响主要是渗透压胁迫下的吸水困难以及Na^+积累导致的营养失衡和离子毒害作用，离子毒害作用还会导致脂质双分子细胞膜的结构和化学成分发生变化，导致膜的选择性吸收能力降低，K^+和细胞可溶性物质外流，从而降低种子发芽率和萌发速率。盐处理通过多种途径降低种子中内源活性GA1和GA4含量，进而抑制水稻种子萌发。研究表明：盐处理使种子胚中GA1和GA4含量分别降低24%和60%，导致种子萌发率降低27%；盐处理能够诱导*GA*钝化基因的表达，促进活性GA钝化，进而显著降低活性GA1和GA4含量。

选择耐盐性强的品种进行种植是提高盐碱地水稻成苗率的重要方式。有学者以东营地区生产上应用的 11 个粳稻品种为研究对象，研究了不同盐浓度（分别为 0 g/L、5 g/L、10 g/L、12 g/L、15 g/L）对种子萌发的影响，结果表明：盐处理抑制种子萌发，并且随着盐浓度提高，抑制作用越显著；种子发芽率、发芽势、根长、芽长均受到盐处理抑制，尤其当盐浓度超过 15 g/L 时，抑制作用极显著。他们测定了种子发芽率、芽长和根长，以相对盐害为耐盐评价指标，筛选出发芽期耐盐性较强的水稻品种 3 个，分别是临稻 19、盐丰 47 和盐粳 456，为东营地区盐碱地水稻种植提供了参考。

4.1.2　盐处理对水稻生长的影响

盐处理对水稻生长有多方面的影响：一是形态学变化，如根系减少、叶片卷曲、叶黄化、生长延迟等；二是生理指标变化，如茎中 Na^+ 含量升高，K、P 等营养元素吸收量降低，植株含水量降低，光合作用受到抑制，气孔关闭，含水量降低，渗透势降低，等等；三是产量变化，如穗粒数、千粒重、产量、收获指数等降低。

4.1.2.1　盐处理对水稻叶片发育的影响

在盐处理条件下，水稻叶片会变小，以此应对盐处理导致的水分吸收减少，降低蒸腾作用。盐处理会导致水稻老叶提前死亡，这可能由于：随着盐处理时间推移，Na^+ 随水分在植株体内运输，并随着蒸腾作用，在叶片中不断积累；新长出的幼叶由于生长较快，细胞发生膨胀作用，稀释了 Na^+ 浓度，降低了离子毒性；老叶不发生膨胀，没有稀释离子毒性效应，导致水稻底部老叶死亡。盐处理会减缓水稻生长速率，当新叶生长速率低于老叶的死亡率时，水稻的光合作用能力大大降低，导致生长速率下降。有学者研究了盐处理对 18 个水稻品种叶片及产量性状的影响，结果表明，随着盐度的增加，水稻植株的叶面积显著减少，叶片大小取决于细胞分裂的数目和细胞伸长的程度，盐处理导致叶面积减少可能由于细胞分裂受到了抑制。

4.1.2.2　盐处理对水稻株高、分蘖和生物量的影响

株高是水稻生长的基本形态指标，大量研究表明，盐分对水稻株高和茎长具有显著负向效应。盐处理会诱导水稻气孔关闭，导致叶面温度升高，叶面积减少。研究表明，随着盐浓度增加，水稻株高、茎长减少；这可能由于盐胁迫导致的渗透压胁迫使水稻吸收水分和养分的能力降低。研究表明，盐处理可使水稻根系增多；这可能由于在限制同化物质在地上部积累的同时，将同化物质重新分配到根系中，促进根系生长，可能与水稻在低水势条件下维持水分吸收密切相关，以此提高应对盐胁迫的能力。盐处理对水稻分蘖有显著抑制作用。

水稻在盐胁迫条件下，水分利用、营养物质吸收和光合作用均受到抑制。在盐胁迫下，水稻植株的生长量和干物质量减少是由于渗透压胁迫使细胞水势降低，水分吸收困难，导致气孔关闭和限制 CO_2 同化作用。

在水稻生长的各个时期发生盐害，对水稻生长和产量构成因子都会产生负面影响。水稻在 3 叶期至抽穗期对盐分最敏感，该时期盐处理对水稻产量的影响较显著，水稻小花不育可能造成盐处理条件下产量降低。

4.1.2.3 盐处理对水稻生理生化指标的影响

（1）盐处理对水稻光合作用的影响

光合作用是绿色植物利用叶绿素，在可见光的照射下，将二氧化碳和水转化为有机物，并释放氧气的过程。光合作用速率受叶片叶绿素含量和气孔导度影响，在盐处理条件下，光合作用速率降低。盐处理导致光合速率降低的几个原因如下。

①渗透势增加，植物水分利用率降低，细胞膜脱水，CO_2 通透性降低，光合电子传递系统受到细胞间隙收缩的限制。

②Cl^- 毒性效应会降低根系对硝酸盐的吸收，导致光合作用受抑制。

③气孔关闭，导致 CO_2 供应减少，羧化反应速率降低。

④盐处理会诱导老叶早衰。

⑤盐处理会导致细胞质结构和酶活性改变。

有学者在温室条件下研究了不同盐处理对 3 种不同基因型水稻在苗期和生殖发育阶段生长的影响。结果表明：盐处理显著降低了光合作用中 CO_2 的固定和同化进程、气孔导度、蒸腾作用，盐处理对盐敏感品种的负效应更明显；耐盐品种对盐分的适应性较强，在最初几小时内以较快的速度关闭气孔，经过短期驯化后部分恢复；气孔导度在较长时间内持续下降，没有任何恢复症状。叶绿素荧光测量结果表明，盐处理下非光化学猝灭增加，电子传输速率随着盐浓度的增加而降低。耐盐水稻品种通过维持较高水平的抗坏血酸和酶活性，在生长发育阶段有效清除活性氧，表现出较低的脂质过氧化作用。

水稻叶绿素含量的变化是反映盐处理下光合作用受抑制的有效指标。有学者研究了不同水稻品种在 40 mmol/L、60 mmol/L NaCl 处理下的表现情况，发现叶绿素 a 和叶绿素 b 含量均随盐浓度的增加而下降。

（2）盐处理对水稻抗氧化能力的影响

活性氧产生的生化变化和抗氧化反应是植物响应盐处理的基本反应。水稻叶绿体、线粒体等细胞器可以产生活性氧。活性氧是高反应性的物质，如果没有保护机制存在，它们会严重损害正常代谢途径中的脂类、蛋白质和核酸，所以必须及时清除。盐处理会严重削弱抗氧化反应。

抗氧化酶被细分为 2 类：一是非酶成分，包括脂溶性和膜相关的生育酚、水溶性还原剂、抗坏血酸、谷胱甘肽等；二是各种酶类，包括超氧化物歧化酶、过氧化物酶、过氧化氢酶、抗坏血酸-谷胱甘肽循环酶类。

超氧化物歧化酶是主要的清除剂，用于清除活性氧，可将超氧化物转化为 H_2O_2 和 O_2，并保护细胞免受超氧诱导的氧化应激。盐处理会导致水稻幼苗超氧化物歧化酶活性大幅下降，但品种间差异明显。

有学者利用 3 个耐盐品种和 4 个盐敏感品种研究盐处理对抗氧化酶的影响，将 30 d 水稻幼苗移栽于 0 mmol/L、20 mmol/L、40 mmol/L 和 60 mmol/L NaCl 的盆栽中，结果表明：盐处理对抗氧化酶活性有显著影响，耐盐水稻过氧化氢酶和抗坏血酸过氧化物酶活性随盐浓度的增加呈线性增加的趋势；盐敏感水稻过氧化氢酶和抗坏血酸过氧化物酶活性随盐浓度的增加而降低。因此，与耐盐品种相比，盐敏感品种水稻抗氧化酶活性下降得更明显。

（3）盐处理对水稻 Na^+/K^+ 的影响

在盐处理条件下，Na^+ 和 Cl^- 的吸收与 K^+、N、P、Ca^{2+} 等竞争，造成营养失衡，最终导致水稻产量降低，品质下降。研究表明，在根系周围提高 NaCl 含量，会使 Na^+ 和 Cl^- 在茎中积累，导致茎中 Ca^{2+}、K^+、Mg^{2+} 浓度降低。当 Na^+ 含量超过 10 mmol/L 时，对水稻有毒害作用，导致水稻生长减缓、产量降低。K^+ 是水稻生长必需的营养物质，作为辅助因子能够激活 50 余种酶。在盐处理条件下，水稻中 Na^+/K^+ 升高，Na^+ 和 K^+ 会发生动态竞争。

4.1.3　提高水稻耐盐性的方法

耐盐性是水稻克服根系周围或叶片中高盐浓度的不利影响，从而完成生长周期的内在能力。

4.1.3.1　利用根系微生物提高水稻耐盐性

根系微生物（如芽孢杆菌）在盐碱条件下有助于提高水稻生产力。在根系周围的有益细菌和真菌通过提高可吸收的营养物质含量和分泌化学物质，刺激水稻的生长，减少盐处理的负面影响，提高水稻耐盐性。

4.1.3.2　增施硅肥提高水稻耐盐性

研究表明，硅肥在 50 mmol/L NaCl 处理下具有降低水稻 Na^+ 毒害作用的潜力，施硅肥显著提高了植株的茎长、地上部干物质量、植株鲜重、根干物质量，但对根长没有显著影响。硅肥的施用主要限制了 Na^+ 和 Cl^- 从根到茎的转运，降低细胞中 Na^+ 浓度，减少离子毒害作用，提高水稻耐盐性。硅肥还可以通过刺激根系质膜活性，影响 Na^+ 和 K^+ 的转运，以此减轻盐害作用。硅肥的施用降低了盐处理条件下 Na^+ 的吸收，不影响水稻蒸腾作用。

4.1.3.3　增施锰肥提高水稻耐盐性

锰是植物所需的重要的必需微量元素，施用锰肥可以通过减少离子积累和脂质过氧化提高光合作用、类胡萝卜素含量、生物量，从而消除离子毒害作用。锰是过氧化氢酶的辅助因子，是 O_2 和 H_2O_2 的清除剂，在水稻防御氧胁迫方面发挥着至关重要的作用。外源施锰通过减少 Na^+ 的积累和迁移，对水稻在盐处理下的生长发育具有显著的正效应。研究表明：与对照处理相比，锰处理提高了盐处理下水稻植株地上部离子平衡稳定性，降低 Na^+ 积累量；施锰降低了 Mg 含量，提高了乙醛酶系统的活性。

4.1.3.4　增施植物激素提高水稻耐盐性

植物激素是植物生长调节剂的内源化合物，包括脱落酸、乙烯、赤霉素、生长素、细胞分裂素和油菜素甾醇。脱落酸可以调控植物对盐处理反应的表达基因，在适应盐处理的能力方面具有重要作用。研究表明，脱落酸通过调节植物气孔开度，在减少蒸腾作用、降低叶片中 Na^+ 和 Cl^- 积累等方面发挥积极作用。盐处理下气孔的关闭受脱落酸诱导细胞质中 Ca^{2+} 浓度增加的调节。脱落酸对脯氨酸、脱水素等渗透保护剂的生物合成、积累具有重要作用，促进脯氨酸和可溶性糖的积累可以提高水稻耐盐能力和产量。生长素在调节植物维管组织发育、细胞伸长等方面发挥重要作用，可以通过对相关基因的表达调控提高水稻对盐处理的耐受能力。

4.1.3.5　通过基因工程提高水稻耐盐性

增加水稻中渗透调节剂的含量可以提高水稻耐盐性。水稻中的渗透调节剂主要有氨基酸（如脯氨酸）、季胺（如甘氨酸甜菜碱、磺酰丙酸二甲酯）和多元醇/糖（如甘露醇、海藻糖）。脯氨酸具有清除激发态氧和自由基的渗透分子，在盐处理条件下，可以维持细胞的渗透压，保护蛋白质、核酸和细胞膜的完整性；基因工程处理可以提高相关基因表达，增加渗透调节剂含量，提高水稻耐盐性。

维持细胞内离子平衡可以提高水稻耐盐能力。盐处理对水稻的影响主要反映在 Na^+ 毒害作用以及 K^+、Ca^{2+} 平衡性破坏方面，例如，在 Na^+/H^+ 反转运蛋白的作用下排出细胞内 Na^+ 可以维持细胞内 Na^+/K^+ 平衡。

4.2　滨海盐碱地水稻栽培技术

盐碱地种植水稻主要采用引黄灌溉、大水压碱、增施有机肥与使用化学改良剂相结合技术，稻渔互作种植技术，暗管排碱技术，等等。盐碱地水稻生产涉及土壤洗盐、水稻种植、肥水管理、病虫害防治、收获等各个环节。笔者将以山东东营和滨州为主的黄河三角洲滨海盐碱地水稻生产技术总结如下。

4.2.1　耕层脱盐技术

在滨海盐碱地种植水稻的关键是降低土壤含盐量，生产中主要采用水洗压盐的措施降低盐碱地耕作层土壤含盐量，以保证水稻正常生长。水洗压盐可快速降低土壤含盐量，改善水稻生长状况，提高产量。冬耕能显著降低大田耕作层土壤盐导率，显著降低水稻叶片黄叶率，显著增加叶面积指数、干物质及氮积累量。研究表明，冬耕条件下，洗盐1次和洗盐2次处理间差异不显著。因此，科学的盐碱地耕作方式可减轻盐分对水稻生长及产量的影响，生产中应鼓励冬耕，春季应合理安排洗盐次数，节约宝贵淡水资源。

盐碱地洗盐主要有如下步骤：一是平整土地，保证田间进排水顺畅，田内水深基本一致，耕地后，利用激光平地机平整土地，使地面高度差小于5 cm；二是淋盐洗盐，采用深沟淋盐、以水洗盐、机械旋耕等方法，将土壤含盐量降到0.3％以下，以降低盐分对水稻萌发、立苗和生长发育的影响。淋盐洗盐具体步骤：把黄河水灌入盐碱地里泡田，水层深5~10 cm（根据盐碱轻重情况，盐碱越重，水层越深），保持5~7 d，旋耕2遍后将水排出，重新灌水后播种（直播）或插秧；新开荒盐碱地或重度盐碱地需洗盐2遍，再灌水5~10 cm，旋耕2遍后将水排出；在中度及以上盐碱地种稻前需洗盐，降低土壤中盐分，中度盐碱地洗盐效果如图4-3所示。

图4-3　中度盐碱地洗盐效果

4.2.2 滨海盐碱地水稻栽培技术

4.2.2.1 滨海盐碱地水稻直播优质高产栽培技术

黄河三角洲地广人稀，直播可节省用工并大幅提高生产效率，近年来直播技术发展较快。盐碱地水稻直播需从品种选择、播种、整地、田间肥水管理、病虫草害防治等方面进行加强。

（1）品种选择

选择耐盐性较强、抗倒伏、适于黄河三角洲滨海盐碱地直播的水稻品种，生育期一般为140~150 d。晚熟品种可适当早播，早熟品种可适当晚播。

（2）整地

平整田面是确保直播稻苗全苗匀的关键。冬季旱耕，于水稻收获后，采用中型拖拉机翻耕，深度为20 cm左右。播种前激光整平，旋耕1~2遍，同一地块高低差不超过3 cm。

（3）洗盐

4月下旬开始灌水洗盐压碱1周以上，对盐碱较重的地块洗盐2~3次，使含盐量降至0.3%以下。

（4）播种

一般在5月中下旬播种，播前用浸种剂（25%咪鲜胺乳油或17%杀螟·乙蒜素等）浸种2~3 d，防治恶苗病和干尖线虫病。稻种晾干后播种，播种量为每亩9~12 kg（干种），可采用人工撒播或机械直播。

机械直播方式有撒播和条播。撒播容易出现种子分布不均、植株通风透光不畅、不便于田间管理等情况；条播适于机械化操作，便于田间管理，工作效率较撒播低。条播一般行距为22~25 cm，播幅为10 cm。

直播可分为水直播和旱直播。水直播时田块表面保持3~5 cm水层。旱直播播种深度为1~2 cm，播种后灌水，保持水层3~5 d。将水排干或耗干，保证出苗整齐，出苗后复水，管理同水直播。对于中度及重度盐碱地，需洗盐后进行水直播，在轻度盐碱地上可进行机械条播，提高工作效率，增加水稻抗倒性。

（5）灌水

在稻苗3叶期前，进行水直播需保持3~5 cm水层，分蘖期浅水勤灌、勤排，遇低温时夜间灌水、白天排水，遇高温时夜间排水、白天灌水。经常保持浅水层，促进分蘖。3叶期至孕穗期采取间歇灌水法，前水不见后水，抽穗期至扬花期保持浅水层，灌浆期采用间歇灌水法、干湿交替。

（6）施肥

盐碱重的地块先洗盐整平后再施入化肥；对于其他类型盐碱地，可结合耙地，亩施腐熟有机肥 1.5 t、磷酸二铵 15~20 kg 或复合肥 30 kg，也可在播种时用种肥一体播种机将化肥施入。苗期追肥宜早不宜迟，3 叶期施尿素 8 kg/667 m²、磷酸二铵 5 kg/667 m²，10 d 后施尿素 7.5 kg/667 m²、磷酸二铵 4.5 kg/667 m²，拔节期施尿素 10 kg/667 m²，根据田间长势，施穗肥 5 kg/667 m² 左右。[①]

（7）除草

①农业措施

利用翻耕、耙地、旋耕等耕作措施，将杂草打碎，或把草籽深埋；芦苇较多的田块，可结合冬前深耕，将芦苇根打断，人工捡拾出田块。

②化学措施

旱直播化学除草包括封闭处理和茎叶处理。封闭处理：灌水后苗前用 40% 噁草·丁草胺乳油 110~125 mL/667 m²，如果种子已萌动，可用 40% 苄嘧·丙草胺可湿性粉剂 60~80 g/667 m²，兑水 30~40 L/667 m² 均匀喷雾。茎叶处理：在杂草 2~5 叶期（与封闭用药间隔约 20 d，水稻 3 叶期前后），茎叶均匀喷雾，对土壤封闭未杀死的杂草进行补杀。

水直播化学除草：在稻苗 1 叶 1 心至 4 叶期，可施用 35% 丁·苄可湿性粉剂 140~160 g/667 m² 或 30% 丙·苄可湿性粉剂 80~100 g/667 m² 等，兑水喷雾，药后 1~2 d 复水。[②]

（8）病虫害防治

①农业防治

及时清除田间杂草、病残体，减少病源。整地要平，合理密植。在保证有效穗数的前提下，尽量保持水稻植株群体的通透性。平衡施肥，避免重施、迟施氮肥，增施磷钾肥，注意施用锌肥、硅肥等含微量元素和有益元素的肥料，提高水稻抗逆性。

②生物防治

二化螟、稻纵卷叶螟蛾始盛期释放稻螟赤眼蜂，每代放蜂 2~3 次，间隔 3~5 d，均

---

① 参考：陈峰，尹秀波，赵庆雷，等.黄河三角洲盐碱地水稻直播优质高产栽培技术规程 [J].北方水稻，2018，48（4）：37-39.

② 参考：陈峰，尹秀波，赵庆雷，等.黄河三角洲盐碱地水稻直播优质高产栽培技术规程 [J].北方水稻，2018，48（4）：37-39.

匀放置点位 5~8 个/667 m²，每次放蜂 10 000 头/667 m²。放蜂高度以分蘖期蜂卡高于植株顶端 5~20 cm、穗期低于植株顶端 5~10 cm 为宜。

③物理防治

利用糖饵诱杀剂、性诱剂等诱杀螟虫等。

④药剂防治

主要病害包括稻瘟病、纹枯病、稻曲病等。

a. 稻瘟病

田间初见病斑时施药控制叶瘟，破口前 3~5 d 施药预防穗颈瘟，气候适宜病害流行时 7 d 后第 2 次施药。

b. 纹枯病

分蘖末期封行后和穗期病丛率达到 20% 时及时防治。

c. 稻曲病

在水稻破口前 7~10 d（水稻叶枕平时）施药预防，如遇多雨天气，7 d 后第 2 次施药。

⑤主要害虫防治

包括红线虫、二化螟、稻纵卷叶螟、稻飞虱等。

a. 红线虫

防治时期为 5 月中下旬（水直播播种至 2 叶 1 心期），兼治稻水象甲、腮蚯蚓、稻飞虱等。

b. 二化螟

年发生 2 代，6 月中旬为一代幼虫盛发期，8 月上中旬为二代幼虫盛发期。分蘖期于枯鞘丛率达到 8%~10% 或枯鞘株率为 3% 时施药，穗期于卵孵化高峰期进行重点防治。

c. 稻纵卷叶螟

年发生 2~3 代，重点防治二、三代幼虫，生物农药防治适期为卵孵化始盛期至低龄幼虫高峰期。防治药剂同二化螟，兼治大螟等。

d. 稻飞虱

8 月中旬至 10 月上旬易发生稻飞虱危害，根据田间发生情况及时防治。

4.2.2.2　滨海盐碱地水稻机插秧优质高产栽培技术

以手工插秧为主的传统水稻种植方式不适合黄河三角洲水稻生产发展的要求。水稻机插秧种植是黄河三角洲滨海盐碱地稻区种植生育期长（超过 160 d）、米质优品种的首要种植方式。

（1）育秧方式

育秧是水稻机插秧的关键环节，目前，存在大棚育秧与小拱棚塑料膜覆盖 2 种方式。小拱棚塑料膜覆盖成本较低，但存在保温性差、温度稳定性低、出苗和成秧遇倒春寒易造成出苗差的现象。大棚育秧成本较高，但克服了小拱棚塑料膜覆盖存在的主要问题，降低了水稻育秧的烂种、烂苗、烂秧的现象，提高了秧苗质量。

大棚育秧（工厂化育秧）实现集中育秧及供秧，基本解决了传统散育秧存在的秧苗素质差、出苗不整齐、病害严重等问题。大棚的棚高一般 2~3 m，棚宽 6~8 m，长 60 m 左右。棚内空气容量大、昼夜温差小且温度稳定，受环境温度变化影响小，操作方便，秧苗生长一致，成秧率高。大棚育秧通过大棚保温、良种精选、精量播种、精确施肥、病虫害统防统治，为水稻高产提供了保障。

黄河三角洲滨海盐碱地稻区还广泛应用机械化露天育秧，它利用现代先进的机械化育秧设备，集自动化、机电化、标准化生产为一体，将现代农艺与现代农业工程相结合。该育秧方式可节约种子、化肥和淡水资源，无须建复杂的配套设施，因此得到广泛的推广应用。

（2）品种选择

选择适宜黄河三角洲滨海盐碱地种植的优质水稻品种，种子发芽率在 90% 以上。应选择分蘖能力强，株系、穗型适中，抗逆性强，熟期适中，米质优的品种。例如，目前生产上应用的金粳 818、圣稻 2620、圣稻 18 等。

（3）播种

种子播种前要进行晾晒，利用脱芒机去芒和枝梗，用药剂浸种（同水稻直播处理方法）。

（4）育秧

一般以商品化育苗基质为育秧土。以机械化露天育秧为例，采用苗盘播种机进行播种流水作业，依次完成放盘、铺土、镇压、喷水、播种、覆盖等程序，然后移入催芽室。每盘播种 150 g 左右。将播种完的育秧盘进行暗室催芽，首先采用 35 ℃ 左右高温催芽，使种胚快速突破谷壳（80% 以上种子破胸）；转入 25 ℃ 催芽，当芽长为 2 mm 左右时，进行摊晒晾芽，室内摊晒 5 h 左右。

（5）摆盘、覆膜及水分管理

秧盘要摆平摆直，盘与盘之间不留空隙。对育秧床进行定量灌水，浇足、浇透水。先盖无纺布，防止高温烧苗；再盖塑料布，保温保湿。一般 8~10 d 揭掉无纺布炼苗，苗床与秧盘应保持湿润，不能有积水，特别是雨天后要及时将水排出。早晨叶尖无吐水珠时要及时对秧苗进行补水，补水可在早晨或傍晚，一次性浇足、浇透。揭膜后要适当增加浇水次数。整个育苗期间，不能大水长时间漫灌。

（6）秧苗管理

当出苗至 1.5 叶期、温度不超过 28 ℃时，开始通风炼苗；在秧苗 1.5~2.5 叶期应逐步加大通风量，将温度控制在 25 ℃左右；在秧苗 2.5 叶期至移栽前，温度与自然温度保持一致。如遇低温，则可增加覆盖物或灌大水保温；回暖后，及时将覆盖物移走并排水。

（7）病虫害防治及施肥

秧苗 1.5 叶期喷施 1 500 倍 20% 移栽灵药液，预防立枯病；起秧前 2~3 d，喷施 1 500 倍 40% 吡蚜酮药液，预防稻小潜叶蝇。秧苗 2 叶期按每盘纯氮 1 g、硫酸锌 0.2 g 的标准稀释 500 倍喷施追肥，喷施后及时用清水再喷一次，防止烧苗。

（8）插秧前准备

插秧前 3 d 开始控水炼苗，提高秧苗抗逆能力。起秧时，先慢慢拉断穿过渗水孔的少量根系，连盘带秧一并提起，再平放，从一头小心卷苗脱盘。

（9）插秧

机插秧对田地质量要求较高，水整地需做到"平、净、齐、深、匀"。"平"是田内高低差不大于 3 cm；"净"是田内无稻田残渣、杂草等；"齐"是田块整齐、田埂横平竖直；"深"是田内水深一致，以 10~15 cm 为宜，插秧前将水调至 2 cm 左右的"瓜皮水"；"匀"是田地均匀一致，泥水分清，沉实但不板结。

一般采用中小苗移栽的方法机插秧，苗高为 15 cm 左右，行距为 30 cm，株距为 12~18 cm（根据品种特性，分蘖力强的品种株距大），每穴 4~6 株苗。合理的株距可保证机插密度，有利于高产。插秧深度对秧苗的返青、分蘖及全苗率有影响，插秧深度一般控制在 2 cm 左右；若过浅（如小于 1 cm），则易造成倒伏；若过深（如大于 3 cm），则返苗慢，分蘖延迟，甚至造成僵苗。

（10）肥水管理及病虫草害防治

与直播稻基本相同。

4.2.3　滨海盐碱地水稻高效生态种养技术

4.2.3.1　滨海盐碱地稻鸭共作有机稻生产技术

稻鸭共作有机稻生产技术是增产、增效、种养结合的高效稻作生产新模式。鸭利用自身的杂食性和活动能力，吃掉稻田内的杂草和害虫；鸭不间断的活动可以产生中耕、浑水效果，促进水稻根系下扎，提高深层根系比例和根系活力，抑制中后期无效分蘖，减少基部枯黄老叶，改善水稻基部的透光性，提高结实率和千粒重。鸭的粪便具有提高土壤肥力、改善土壤结构的作用。鸭为稻田除虫、除草、松土；稻田为鸭群提供劳作、生活、休息的场所，充足的水源，以及丰富的食物；两者相互依赖、相互作用。因此，稻鸭共作达到了减少化肥、减少农药的目标，保护了生态环境，提升了稻米品质，还可以获得较好的水稻种植效益和可观的鸭子养殖效益。

稻鸭共作有机稻生产技术主要涉及水稻种植技术和鸭子放养技术。

（1）水稻种植技术

选择适宜滨海盐碱地种植的优质、抗病虫、高产的水稻品种，如圣稻 2620、圣稻 18、金粳 818 等。种子处理：晴天晒种 1~2 d，筛选出饱满的种子，用浸种剂（25% 咪鲜胺乳油或 17% 杀螟·乙蒜素等）浸种 2~3 d，防治稻恶苗病和干尖线虫病。增加水稻种植密度是确保足够穗数的有效措施。插秧前一次性施足基肥，中后期可根据苗情追施有机复合肥，以促进群体、个体协调生长。鸭群对水稻苗期害虫、植株中下部害虫有较好的控制效果，但对稻纵卷叶螟或二化螟的防治效果不理想，每隔 2~3 d 将诱杀的害虫收集后喂鸭。当发生大面积病虫害时，可以选用低毒高效的复配药剂或生物农药进行防治。稻田内水深度以鸭脚刚好能触到泥为宜，便于鸭子在活动过程中充分搅拌泥土。随着鸭子的生长，水的深度应逐渐增加。

（2）鸭子放养技术

选择体型小、抗逆性强、食性杂的鸭品种。一般在水稻插秧 10 d 后将鸭子放入稻田，每亩 20 只左右，5~10 亩为一个单元格。选择晴天上午放养，同时将病、弱、小的鸭苗挑出，可以提高鸭子的田间成活率。根据稻田杂草、昆虫等数量及时补充鸭饲料，在田埂四周设置木质食槽，一般傍晚饲喂 1 次玉米颗粒较好。在稻田一角修建简易鸭棚，供鸭子休息。在田地四周挖一斜坡沟，沟宽 1 m、深 40 cm，沟渠内放水。高温天气需要做好鸭子防暑措施，可通过灌 20 cm 左右的深水层和边灌边排的方法防止鸭子中暑死亡。围栏可用塑料网制成，围孔以 1~2 指宽为宜。将鸭子放入稻田后，稻和鸭会结为密不可分的整体，互生共利。水稻抽穗扬花时，鸭子完成稻鸭混养的田间作业任务，这时应将鸭子及时从稻田里收上来，以免对稻穗造成危害。围栏有如下作用：一是围栏可防止鸭离开稻田，确保混养效果；二是防御天敌，起到保护鸭的作用。

4.2.3.2　滨海盐碱地稻渔共作高效生产技术

稻渔共作高效生产技术是水稻种植与大闸蟹、龙虾、甲鱼等水产品养殖二者互利共作的复合生产方式，实现稻渔互利共生，有利于生产符合绿色食品标准的稻米以及优质水产品。

（1）水稻种植

①品种选择

通常选择生长期长、分蘖力强、品质优、丰产性能好、抗病虫、叶片直立、株型紧凑的品种。有学者进行 2016 和 2017 两年试验，认为圣稻 2620 是较适合东营盐碱地稻田混养种植的水稻品种。

②适期播种

根据放养时间，尽可能早育秧、插秧，增加水产养殖的时间。

③合理密植

稻渔共作稻田水层加深会抑制水稻分蘖，因此需适当提高插秧密度。通常机插秧行距 30 cm，株距 12 cm，每穴 4~6 苗。

④施肥与病虫害防治

插秧前一次性施足基肥，以腐熟的畜禽粪为主。病虫害防治以杀虫灯、性诱剂等绿色防控为主。

（2）大闸蟹养殖

①开挖环沟

有学者采用如下方式：环沟围绕稻田一周，上沟宽 5 m，沟底宽 3.2 m，深 1.5 m，坡比为 1∶1.5，挖出的土壤用于加高加固田埂；田块设置防逃墙，防逃墙材料以经济、实惠、效果好为原则，采用钙塑板，防逃墙埋入土内 20 cm、高出地面 50 cm 以上，用竹桩支撑固定，四角成圆弧形；按照水稻种植、水产养殖调控水位和水质的要求，建好进排水系统，确保灌得进、排得出，在进水口、排水口安装密眼网，以防大闸蟹逃逸和敌害生物侵入。

②苗种放养前的准备

a. 干塘消毒

有学者采用如下方式：放养前 15~20 d，将环沟内的水排干并晾晒，每亩环沟用生石灰 60~75 kg 化水均匀泼洒消毒，杀灭野杂鱼和病原生物；消毒 7 d 后，用 60~100 目筛绢网过滤注水深 10~20 cm，移栽轮叶黑藻、伊乐藻等，种植行距为 4~5 m，株距为 2~3 m，移栽面积占环沟底部面积的 50%；水草可以为蟹提供理想场所，净化水质，促使水环境清新，并可作为蟹的饲料。

b. 施放基肥、培肥水质

水草种植后，幼蟹投放前 7~10 d，施腐熟的畜禽粪或微生态肥料，以培育生物饵料，供幼蟹摄食，同时促进水草的生长发育。

③苗种投放

a. 投放时间

4 月下旬，选择晴暖天气将扣蟹放入暂养池内暂养，以延长养殖周期。

b. 投放幼蟹数量

每亩投放单体质量为 6 g 的中华绒蟹 3 kg，每亩约 500 只。幼蟹特征：体质健壮、附肢完整、爬行活跃、行动敏捷、无病无伤、无畸形、身上无附着物、手抓松开后立即四散逃逸、性腺未发育成熟。

④水质调控

水质调控主要包括如下方面。

a. 科学控制水位，适时注水和换水

养殖前期水深应低些，有利于水温升高、螃蟹和水草生长。养殖中、后期提高水位有利于螃蟹生长。随着水稻生产量的提高和沟渠水质的老化，每 3~5 d 加注新水 1 次，稻田注水一般在上午 10~11 时进行，保持引水水温与稻田水温相近，水位相对稳定。高温季节（7~8 月），每 1~2 d 加注 1 次新水，环沟内水每 7~10 d 换 1 次，每次换水 20~30 cm；9 月份后，每 15~20 d 换水 1 次，每次换水 20~30 cm。螃蟹大批蜕壳时，不宜大量换水。环沟中水体透明度保持在 30~40 cm。

b. 科学施用微生物制剂

养殖过程中，将光合细菌每 8~10 d 遍洒 1 次，浓度为每立方米 6.68×10^{11} 个；将枯草芽孢杆菌每 12~14 d 遍洒 1 次，浓度为每立方米 6×10^9 个。为提高微生物制剂的使用效果，枯草芽孢杆菌和光合细菌可交替使用，并将枯草芽孢杆菌（或光合细菌）与沸石粉混合后施入池水中。

c. 定期泼洒生石灰

每月泼洒 1~2 次，每次每立方米水用生石灰 15~20 g，保持 pH 值为 7.5~8.5，但应注意，池水 pH 值较高时，不应使用生石灰。

d. 适时施肥

当水中浮游生物量过少、水质偏瘦、水的透明度大于 50 cm 时，应及时进行施肥，增加水的肥度。稻田内追肥应少量多次。一般每月追肥 1 次，每亩施发酵后的畜禽粪 30~50 kg。

e. 控制藻类和青苔生长

池水老化易诱发藻类和青苔疯长，有时分泌大量细胞外产物（如毒素等），可采取分次、分批在下风口杀灭并大量换水办法。当池水中出现青苔时，可使用 30% 漂白粉局部施于青苔密集处，见效较快。

f. 使用环境改良剂

根据池水和底质状况，定期使用"水体保护解毒剂""解毒底改片"等环境改良剂，以改善养殖水质和底质环境，利于养殖动物摄食和生长。每次大雨过后，泼洒 1 次消毒剂（二氧化氯等），以调节水质、预防疾病。

g. 水草管理

加强高温季节对水草的管理，防止水草老化和死亡。及时清除水草上的附着污物，可在水草上泼洒光合细菌液，有效减轻污物，为蟹营造优良的生长环境。

⑤饲料投喂

采用专用配合饲料投喂螃蟹。每天投喂 1~2 次，白天投喂量占日投饵量的 30%~40%，傍晚投喂量占日投饵量的 60%~70%。白天将饲料重点遍撒到水草上和深水区，傍晚和夜间将饲料重点遍撒到池边浅水区，底质污泥较多地段少投喂或不投喂。幼蟹阶段日投饲率为 5%~6%，养成蟹阶段日投饲率为 3%~4%，鱼肉等鲜活饵料的日投饲率为 6%~10%，投喂量应根据季节、水温、天气、河蟹摄食和蜕壳状况灵活增减。如遇阴雨或暴雨天气，则应少喂或停喂；蟹体大批蜕壳阶段应及时减少投喂量；在天气晴好或换水后水质良好情况下，应增加投喂量。6 月中旬以前，水温低，水草少，应多投喂优质配合饲料；6 月下旬至 8 月中旬，天气热，水温高，螃蟹生长速度快、摄食量大，应投喂配合饲料、青饲料等促进生长；8 月下旬至起捕为催肥期，应多投喂优质配合饲料和鱼肉，使蟹黄积累、体重增加，螃蟹质量好，价格较高，效益显著。

⑥病害防治

坚持"以防为主、防治结合、防重于治"的原则。除采取清塘消毒、蟹体消毒、水体调控等措施外，进排水时要用60~100目筛绢网过滤，以防敌害生物入田；平时要清除蛙、水蛇、泥鳅、黄鳝、水老鼠等；养殖过程中，定期在配合饲料中添加或喷洒适量微生态制剂、维生素C、维生素E等，以增强螃蟹抗病力和免疫力。养殖期间，可使用高效、低毒、无残留的绿色药物防治病害，杜绝使用国家禁止的渔用药物，严格控制化学药品的施用量和使用次数，减少化学药物对水体的污染，做到合理用药、科学用药、不滥用药。

⑦加强日常管理

日常管理包括水草养护、早晚巡塘、定期检查防逃设施、建立养殖日志等。

参考文献

［1］ GONG H J，RANDALL D P，FLOWERS T J. Silicon deposition in the root reduces sodium uptake in rice (*Oryza sativa* L.) seedlings by reducing bypass flow[J]. Plant, Cell Environment，2006，29：1970-1979.

［2］ JHA Y，SUBRAMANIAN R B，PATEL S. Combination of endophytic and rhizospheric plant growth promoting rhizobacteria in ORYZA SATIVA shows higher accumulation of osmoprotectant against saline stress[J]. Acta Physiologiae Plantarum，2011，33：797-802.

［3］ KIBRIA M G，HOSSAIN M，MURATA Y，et al. Antioxidant defense mechanisms of salinity tolerance in rice genotypes[J]. Rice Science，2017，24(3)：155-162.

［4］ LIU L，XIA W L，LI H X，et al. Salinity inhibits rice seed germination by reducing α-amylase activity via decreased bioactive gibberellin content[J]. Frontiers in Plant Science，2018，9：1-9.

［5］ MORADI F，ISMAIL A M. Responses of photosynthesis，chlorophyll fluorescence and ROS-scavenging systems to salt during seedling and reproductive stages in rice[J]. Annals of Botany，2007，99：1161-1173.

［6］ MUNNS R，TESTER M. Mechanisms of salinity tolerance[J]. The Annual Review of Plant Biology，2008，59：651-681.

［7］ NEMATI I，MORADI F，GHOLIZADEH S，et al. The effect of salinity stress on ions and soluble sugars distribution in leaves，leaf sheaths and roots of rice(*Oryza sativa* L.) seedings[J]. Plant，Soil and Environment，2011，57(1)：26-33.

［8］ RAHMAN A，HOSSAIN M S，MAHMUD J A，et al. Manganese-induced salt stress tolerance in rice seedlings：regulation of ion homeostasis，antioxidant defense and glyoxalase systems [J]. Physiology and Molecular Biology of Plants，2016，22(3)：291-306.

［9］ SHARMA P，DUBEY R S. Involvement of oxidative stress and role of antioxidative defense system in growing rice seedlings exposed to toxic concentrations of aluminum[J]. Plant Cell Reports，2007，26：2027-2038.

［10］陈峰，尹秀波，赵庆雷，等.黄河三角洲盐碱地水稻直播优质高产栽培技术规程[J].北方水稻，2018，48(4)：37-39.

［11］顾福男.机插秧与稻鸭共作栽培技术[J].现代农业科技，2015(22)：258-259.

［12］向镜，张义凯，朱德峰，等.盐碱地耕作和洗盐方式对水稻生长及产量的影响［J］.中国稻米，2018，24（4）：68-71.

［13］郑崇珂，张治振，周冠华，等.不同水稻品种发芽期耐盐性评价［J］.山东农业科学，2018，50（10）：38-42.

［14］李景岭，陈峰，崔太昌，等.黄河三角洲高效生态经济区水稻种植现状与发展对策［J］.中国农业信息，2017（19）：36-38.

［15］韩超，淮北地区优质高产粳稻品种筛选及其配套机械化种植方式研究［D］.扬州：扬州大学，2019.

［16］孙茂超，丁蕾，朱红明.稻鸭共作技术在优质水稻生产中的应用［J］.农业工程技术，2019（29）：36-37.

［17］董晓亮，侯红燕，郭涛，等.黄河三角洲重度盐碱地稻蟹生态种养模式研究及效益分析［J］.山东农业科学，2020，52（7）：123-127.

［18］柳富荣.鳌虾池塘高效生态养殖技术［J］.农家顾问，2008（12）：42-43.

［19］刘金明，薄学锋，叶荣河，等.黄河口大闸蟹盐碱地池塘生态养殖技术［J］.河北渔业，2020（9）：30-36.

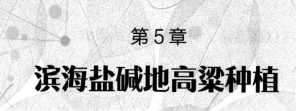

第5章
滨海盐碱地高粱种植

高粱是重要的禾谷类作物，种植面积较大。高粱具有耐盐碱、抗旱、耐涝、耐瘠薄等多重抗逆性，是集饲料、经济和粮食作用于一身的作物，对提高我国盐碱地经济效益、增加农民收入具有重要作用。

5.1　盐碱地高粱生长发育

盐处理会对植物生长发育的各个阶段产生不同程度的影响。当盐浓度超过植物的生长极限时，植物膜透性、各种生理生化过程和营养情况都会受到不同程度的伤害，导致植物的生长发育受到不同程度的抑制，抑制程度与植物的种类、发育阶段有关。通常情况下，盐处理使作物的生长周期缩短，导致生物量和经济产量下降。

5.1.1　盐处理对高粱不同生育时期生长发育的影响

有学者对高粱整个生育期的耐盐性进行了研究，研究表明，高粱芽期的耐盐性高于其他生育时期；有研究表明，高粱苗期的耐盐性最低，耐盐性随着高粱的生长发育相应提高。王海莲等人采用自来水(CK处理)和0.6%NaCl溶液(T处理)对高粱进行处理，并观察萌发期、苗期、拔节前期、拔节后期、孕穗期和开花期的生长状况。结果表明：与CK处理相比，T处理萌发期株高、茎粗、地上部鲜重和根干物质量均显著降低，T处理萌发期、拔节后期、孕穗期和开花期高粱叶片SPAD值显著降低，T处理下6个生育时期叶片和根中Na^+含量极显著升高；除萌发期外，T处理其他5个生育时期叶片K^+含量显著高于CK处理；T处理6个生长时期根K^+含量、叶片K^+/Na^+和根K^+/Na^+显著低于CK处理。

根是植物吸收营养物质的主要器官，盐处理抑制了根的正常生长，从而影响了营养物质向地上部运输，在一定程度上抑制了植株的生长发育，导致株高降低、茎秆变细、生物量下降。在萌发期至苗期对高粱进行盐处理，根的生长较缓慢，生物量积累较少。

5.1.2　盐处理对高粱种子萌发和出苗的影响

当土壤中的可溶性盐分达到一定程度时，会对高粱的生长发育产生明显不良的影响，表现为影响种子萌发、发芽和出苗，造成缺苗断垄。高粱是耐盐性较强的作物之一，但当盐碱地含盐量超过5%时，种子也很难萌发出苗。种子萌发需要充足的水分、氧气和适宜的温度。在盐碱地上播种高粱时，土壤溶液浓度和渗透压高，导致种子吸水困难，较长时间不能萌发出苗，盐害严重时甚至烂种；有些种子虽然能够发芽，但幼苗生活力差，顶土能力弱，出苗前就已经死亡。盐分抑制种子萌发，一方面，影响种子吸水膨胀过程，导致萌发慢、萌发率低；另一方面，在种子萌发的过程中，体内储存的有机物质分解、转化，新有机物合成，盐处理会影响这些代谢过程中的酶活性，特别是脂肪分解过程中的一些酶。

秦岭等人从103份高粱材料中随机选取12份材料，研究了不同盐浓度对这些材料发芽势和发芽率的影响。研究表明：随着盐浓度升高，发芽率、发芽势呈下降的趋势；当盐浓度从0升至1.5%时，发芽率降低趋势较缓和；当盐浓度达1.5%以上时，发芽率迅速降低；当盐浓度达2.5%时，大部分品种（系）的发芽率在25%以下。

5.1.3　盐处理对高粱幼苗生长的影响

盐处理对高粱幼苗的影响表现为：根细、数量少，根系不发达；叶片小且生长慢，叶尖变黄，黄叶率提高；植株矮小，长势弱。盐处理对高粱幼苗生长的影响的实质是体内生理功能和代谢受到抑制（或破坏）的结果。土壤中盐分浓度高，根系吸水发生困难，造成"生理干旱"。吸水不足会导致气孔关闭，减弱蒸腾作用，使光合速率降低；光合作用的减弱会降低酶活性，进而影响氮代谢、矿物质代谢、细胞色素代谢等。Cl^-增多抑制磷元素向根、茎、叶转移；Na^+增多会抑制根系对钾离子的吸收，而且还会把K^+从细胞液中代换出来，造成生理功能紊乱，从而导致高粱出现一系列受盐分危害的症状。

5.1.4　盐处理对高粱发育的影响

发育是生殖器官诱导和形成的过程，盐分对作物发育有显著的影响。从出苗到开花，随着生育时期的推进，高粱耐盐性逐渐增强，但土壤中含盐量过高会显著抑制高粱发育，这可能由于盐处理导致植物发育迟缓，抑制植物组织和器官的生长及分化。盐处理下，高粱生育期明显延迟，抽穗、开花、授粉、灌浆等都受到抑制，造成减产；受盐处理影响严重的地块，高粱植株可能枯萎死掉。

王宝山等人研究了高粱根、成熟叶叶片、成熟叶叶鞘、生长叶叶片、生长叶叶鞘对盐处理的响应，研究表明，生长叶叶鞘对盐处理较敏感。有学者的研究表明：盐处理对高粱生长的抑制主要是抑制正在生长的器官，对地上部生长的抑制作用大于根部；长期盐处理会加速高粱器官的衰老和死亡，降低高粱主根长、根体积、苗高，致使干物质量下降。

5.1.5　盐分差异分布对高粱生长发育的影响

盐碱地的形成受自然因素和人为因素的影响，因此盐分在土壤表层分布通常不均匀，这是盐分差异分布。盐分差异分布不仅影响高粱地上部的生长发育，而且显著影响根系的生长发育和生理特性，进而影响作物的产量和品质。张华文利用分根方法对高粱根系进行不同浓度NaCl溶液处理，分别形成无盐对照处理、盐分差异分布处理和盐分均匀分布处理，研究各处理条件下高粱生长发育、生理响应和短期内转录组表达水平的变化，揭示根际盐分差异分布缓解盐处理对高粱生长发育的生理和分子机制。研究结果如下。

与盐分均匀分布处理相比，盐分差异分布处理高粱幼苗鲜重和干物质量都显著增加，盐分差异分布处理高粱幼苗的鲜重和干物质量都取决于根重加权盐分浓度平均值。盐分差异分布处理幼苗无盐或低盐一侧的根系长度、根系体积、根系表面积、根尖数和分支数显著高于有盐或高盐处理一侧的根系，整株根系形态得到改善，无盐或低盐一侧根系鲜重和干物质量都显著高于有盐或高盐一侧，从而促使盐分差异分布处理各个生育时期的鲜重、干物质量、株高和茎粗显著增高。与盐分均匀分布处理相比，盐分差异分布处理的叶面积显著增加，由此可见，盐分差异分布处理缓解了盐处理对高粱生长发育的影响。

盐分均匀分布处理对高粱叶片SPAD值、光合参数、荧光参数有显著影响，但盐分差异分布处理下植株光合能力得到显著改善，主要体现在不同生育时期的叶片SPAD值、光合参数和荧光参数的提高，部分性状差异达到显著水平，光合产物显著增加，减缓盐处理对高粱产量和品质的影响。

与盐分均匀分布处理相比，盐分差异分布处理高粱叶片Na^+浓度和Na^+/K^+显著下降，K^+浓度显著上升。无盐或低盐一侧根系Na^+浓度和Na^+/K^+低于有盐或高盐一侧，K^+浓度高于有盐或高盐一侧。

与盐分均匀分布处理相比，盐分差异分布处理地上部Na^+积累量显著降低，K^+积累量显著升高；盐分差异分布处理根部Na^+积累量显著高于地上部，可以减缓盐处理对地上部的危害。无盐或低盐一侧根系通过大量积累Na^+促进根系对水分的吸收，无盐或低盐一侧根系进行补偿性的吸收水分和增长，从而促进对营养成分的大量吸收，有效缓解了盐分均匀分布处理对高粱生长发育的影响。

与盐分均匀分布处理相比，盐分差异分布处理各生育时期的叶片MDA含量增加幅度较小，SOD、APX、POD、CAT、GPX活性增加幅度较大，但不同抗氧化酶和抗氧化物质在不同生育时期增加幅度不同。

研究结果表明：盐分均匀分布处理（根系两侧用100 mmol/L NaCl溶液处理）叶片中的差异表达基因数量显著高于盐分差异分布处理（根系一侧用无NaCl溶液处理，另一侧用200 mmol/L NaCl溶液处理），盐分差异分布处理高盐一侧根系差异表达基因数量较多，显著高于盐分均匀分布处理和盐分差异分布处理无盐一侧；参与光合作用、叶片中Na^+区隔化、植物激素代谢等基因的表达水平在盐分差异分布处理下均上调，大部分编码水通道蛋白和必需矿质元素转运蛋白的基因表达在盐分差异分布处理的无盐一侧根系得到强化。

综上所述，盐分差异分布处理可以缓解盐分均匀分布处理对高粱幼苗和全生育期生长发育的影响。在大田生产中，地膜覆盖、隔沟灌溉、沟播种植都可以在一定程度上造成盐分的不均匀分布，进而缓解盐分对高粱生长发育的影响。

5.2 滨海盐碱地高粱栽培技术

高效利用滨海盐碱地的方法和技术主要包括水利工程、农艺技术、化学改良和生物措施。高粱具有抗旱、耐涝、耐瘠薄、抗盐碱等多重抗性。筛选耐盐品种是开展滨海盐碱地种植高粱的有效方法，有学者将一些参数作为高粱耐盐鉴定的指标，例如，将一种50 kDa的多肽作为在NaCl胁迫表达下的标记蛋白。由于K^+/Na^+在耐盐品种与敏感型品种中有差异，因此K^+/Na^+是筛选耐盐品种的良好指标。

随着一些栽培措施的应用，高粱在盐碱地生产中越来越受欢迎，但是关于盐碱地栽培技术的研究还不够系统和全面。为探讨盐碱地高粱栽培技术，张文洁等人研究了不同栽培措施对高粱Na^+、K^+、Ca^{2+}、Mg^{2+}含量和分布的影响，结果表明，在盐碱地下，覆盖秸秆和添加保水剂处理可降低高粱根、茎、叶Na^+含量，提高K^+含量，提高K^+/Na^+，从而提高耐盐性。

在盐碱地施用特定的化合物有助于缓解土壤中盐带来的负面影响。例如：高浓度Ca^{2+}营养液可以减缓盐对耐盐基因型品种萌发期的影响；硅可以通过调节水通道蛋白的活性，减缓根渗透压的降低，从而提高根系吸水能力和抗盐碱能力；水杨酸在胁迫和非胁迫条件下均可促进植物生长。研究表明：盐引发处理可以提高甜高粱的耐盐性，增强渗透抗性，减少根对 Na^+ 的吸收，在一定程度上提高高粱幼苗对盐处理的适应性；盐引发处理在品种间产生的效应不同，对弱耐盐性品种效应优于耐盐性品种。

笔者将以山东东营和滨州为主的黄河三角洲滨海盐碱地高粱栽培技术总结如下。

5.2.1　种植技术

5.2.1.1　整地压盐

（1）深耕整地

高粱根系发达、入土深厚，播种前进行深耕整地可加深耕层，蓄水保墒，促进土壤微生物活动，加速有机质分解，破除土层板结，改良土壤结构，切断毛细管，防止地下水中盐分上升，从而有利于高粱根系生长，扩大根系吸收养分和水分的范围，使地上部生长良好，提高产量。前茬作物收获后应及时进行秋深耕，耕翻深度为 $25 \sim 30$ cm。

（2）灌溉压盐

灌溉压盐是改良滨海盐碱地的有效措施之一，秋耕后冬灌或春天大水漫灌 1 次，一般盐碱地每亩灌溉量为 $60 \sim 80$ m³，重度盐碱地每亩灌溉量达 $80 \sim 100$ m³，在条件允许情况下可把水排走，洗出耕层盐分，灌后适时翻耕土壤，抑制返盐。

（3）科学施肥

滨海盐碱地土壤养分含量低，理化性质差；增施有机肥可以改良土壤结构，提高保肥保水能力，抑制盐分上升，每亩施土杂肥 $2\,000 \sim 2\,500$ kg。重度盐碱地可结合秋耕施以腐殖酸、含硫化合物和微量元素为主的土壤改良剂 $100 \sim 150$ kg，有利于土壤生物生长，并有隔盐的作用。滨海盐碱地普遍缺氮、严重缺磷，施用氮磷肥可促进高粱早发并提高抗盐碱能力。

（4）平整土地

滨海盐碱地盐分不均匀、有盐斑，土壤不平是形成盐斑的主要原因之一，所以平整土地是减少盐斑和保证苗全、苗匀的重要措施，播种前旋耕 $1 \sim 2$ 遍，使土肥混合，耙压保墒，做到地面平整、无秸秆杂草。滨海盐碱地地区春季风沙大，春耕要随耕随耙，防止土壤水分蒸发。

5.2.1.2 种子准备

（1）品种选择

根据本地气候条件、土壤肥力状况、不同市场需求，选择优质、高产、抗盐性强的杂交高粱品种，并注意定期更换品种。

（2）种子处理

种子质量是决定出苗的重要因素。种子处理可以提高种子质量，增强种子活力，提高出苗率。种子纯度应不低于95%，净度应不低于98%，发芽率应不低于80%，含水量应不高于13%。播种前应将种子进行风选或筛选，淘汰秕粒、损伤、虫蛀子粒，选出粒大饱满的种子，不仅出苗率高，而且幼苗生长健壮。播前15 d将种子晾晒2 d；播前晒种能促进种子生理成熟，增强种子透水通气性，提高酶活性和种子生活力，有利于播后发芽快、出苗整齐。播前10 d，应进行1~2次发芽实验，从而确定播种量。播前药剂拌种和种子包衣具有防病防虫、促进幼苗生长的作用。

5.2.1.3 适时播种

（1）确定播期

播期的确定应依据地温和土壤墒情，一般10 cm耕层地温稳定在10~12 ℃，土壤含水量以15%~20%为宜。黄河三角洲地区选择5月上、中旬播种，由于黄河三角洲地区80%降水量都集中于6~8月，此时播种，苗期正好进入雨季，防止因返盐而造成死苗、弱苗。

（2）播种方式

采用可一次性完成开沟、播种、覆土、镇压等工序的点播机播种。播前调整排种口大小到播量要求，调整播种深度到播深要求，调整开沟器间距达到行距要求。轻度盐碱地可以开沟播种，起到躲盐、借墒、抗旱等作用，一般沟深10 cm左右；重度盐碱地可用覆膜播种机播种，出苗后破膜放苗。一般盐碱地播种量为每亩0.35~0.5 kg，行距50~60 cm。重度盐碱地播量适当加大。

（3）播种深度

高粱播种深度一般为3~5 cm，做到深浅一致、覆土均匀。若播种过深，则幼苗出土时所受阻力大，出苗时间长。若播种过浅，则表土跑墒多，种子易落干，不利于出苗。

5.2.1.4 合理密植

适宜的种植密度是获得高产的重要前提，种植密度过大或过小都会对产量造成影响。

盐碱地高粱苗期有一定的死亡率，单株生产力较低，应适当加大种植密度，以充分利用地力和光能。适当增加密度可以减少裸露地面面积，提高作物的覆盖度，减少水分蒸发，抑制反盐。早熟、矮秆、叶窄的品种适宜密植，每亩保苗 8 000~10 000 株；晚熟、高秆、叶宽大的品种适宜稀植，每亩保苗 5 000~6 000 株。

5.2.1.5　田间管理

在播种保全苗的基础上，加强田间管理是保证高粱高产稳产的重要措施。高粱从播种至成熟要经过苗期、拔节抽穗期、结实期 3 个阶段。由于各阶段的生育特点和对环境的要求不同，应采取相应的技术措施，以保证实现株壮、穗大、粒重的目的。

（1）苗期的生育特点及管理措施

从出苗至拔节前的一段时间为苗期，历时 35~45 d。苗期是生根、长叶、分蘖和全部茎节分化形成的营养生长时期。此时期形成大量营养器官，积累有机物质，为过渡到生殖生长准备必要的物质基础，该时期决定了单位面积穗数的多少。苗期所采取的栽培措施要有利于根系发育，使地上部苗壮生长，达到苗齐、苗壮。高粱苗期的丰产特征：根系发达，叶片宽厚，叶色深绿，基部扁宽。田间管理的主要措施包括间苗定苗、中耕、追苗肥、防治害虫等。

①间苗定苗

高粱在 3~4 叶期间苗有利于培育壮苗。3 叶期以后，幼苗开始出现次生根；若间苗过晚，则苗大根多，容易伤根或拔断苗。高粱可于 4~5 叶期定苗。定苗时要求做到等距留苗；间苗时，根据芽鞘、幼苗颜色、叶形、幼苗长势等特点，拔除杂株，提高纯度，充分发挥良种的增产作用。

②中耕

中耕既可除草、松土，也可消除表面盐分，改善土壤的水分、养分条件，特别是小雨过后及时中耕可以防止盐分上升。在杂草控制良好的田块应尽量减少中耕，以降低生产成本，实现轻简栽培。如果田间杂草较多，可结合定苗进行中耕除草，也可喷施苗后除草剂。高粱在 5~8 叶期抗药力较强；在 5 叶期前、8 叶期后对除草剂较敏感，不宜喷药。高粱幼苗根浅苗小，中耕应注意提高质量，掌握苗旁浅、行间深，做到不伤苗、不压苗、不漏草。

③追苗肥

苗期由于生长量小，需要养分较少。若在较肥沃的土壤上种植，或基肥、种肥数量充足时，可不追苗肥。对弱苗、晚发苗、补栽苗需追施速效性氮肥，促进弱苗生长，达到全田生长健壮一致。对于全田生长较弱的高粱，可提早在定苗后、拔节前追肥，促弱转壮。

④防治害虫

高粱苗期的主要害虫为地下害虫，如地老虎、蝼蛄、金针虫等。在地下害虫较严重的地块，可在播种时施用毒土、毒谷进行防治。高粱苗期的地上害虫主要是黏虫。

（2）拔节抽穗期的生育特点及管理措施

拔节抽穗期是幼穗开始分化至抽穗前的时期，包括拔节期、挑旗期、孕穗期、抽穗期等，历时 30~40 d。拔节以后根、茎、叶等营养器官旺盛生长，幼穗也急剧分化形成，进入营养生长与生殖生长同时并进的阶段，是高粱一生中生长最旺盛的时期，是决定高粱穗子、粒数的关键时期。高粱拔节抽穗期的丰产特征：植株健壮，茎粗节短，叶片宽厚，叶色深绿，叶挺有力，根系发达。田间管理的主要措施包括追肥、灌溉、中耕和防治害虫。

①追肥

拔节抽穗期营养器官与生殖器官旺盛生长，植株吸收养分数量急剧增多，是高粱一生中需肥最多的时期，其中幼穗分化前期吸收养分量多且快，因此改善拔节期植株的营养状况至关重要。这是因为高粱每穗粒数受每穗小穗、小花数和结实率的影响，小穗、小花数又在很大程度上受二、三级枝梗数影响，所以增加小穗、小花数的关键在于增加二、三级枝梗数。追肥可以促进小穗、小花增加，必须使其在枝梗分化阶段生效，才能产生最大增产效果。盐碱地营养成分低，在拔节孕穗期追施氮肥，每亩施用尿素 15~20 kg，可有效促进枝梗及小穗、小花分化，减少小穗、小花退化，增加结实粒数与粒重，即保花增粒。

②灌溉

高粱拔节抽穗期生长旺盛，加之气温升高，叶面蒸腾与株间蒸发量大，因此是需水的关键时期。该时期干旱，不仅会导致生长不良，而且会严重影响结实器官的分化形成，造成穗小、粒少。当拔节期土壤含水量低于田间持水量的 75%、抽穗期土壤含水量低于田间持水量的 70%时，应该适当进行灌溉。

③中耕

拔节后中耕能保持土壤疏松，并通过切断部分老根促进新根生长，从而扩大吸收面积，对形成壮秆大穗、提高籽粒产量有积极作用。此时期结合追肥进行中耕培土，能够促进支持根早生快发，增强防风抗倒、防旱保墒能力。

④防治害虫

高粱拔节抽穗期的主要害虫有黏虫、蚜虫和玉米螟。此时期黏虫防治方法与苗期相同。蚜虫繁殖快、危害大，要及时防治。玉米螟可用赤眼蜂生物防治，也可用颗粒剂毒杀。

（3）结实期的生育特点及管理措施

高粱结实期是抽穗到成熟的阶段，包括抽穗期、开花期、灌浆期、成熟期等，历时35~50 d。高粱抽穗开花以后，茎叶生长逐渐停止，营养生长与生殖生长并进转入以开花、受精、结实为主的生殖生长时期，生长中心转移至子粒部分，是决定粒重的关键时期。植株早衰或贪青都会影响子粒灌浆充实。加强后期管理，延长绿叶功能期，增强根系活力，养根保叶，防止早衰，促进有机物质向穗部输送，力争粒大粒饱、优质高产，是该时期田间管理的主攻方向。高粱结实期的丰产特征：秆青叶绿不倒，早熟不早衰，穗大粒饱。田间管理的主要措施包括灌溉与排水，施粒肥，以及防治病虫害。

①灌溉与排水

高粱结实期体内新陈代谢旺盛，对水分反应也较敏感，当遇干旱、土壤含水量低于田间持水量70%时，应及时灌水，以保持后期较大的绿叶面积和较高的光合同化量，但灌水不宜过多，以免出现倒伏和因地温降低而延迟成熟的状况。高粱结实期根系活力减弱；雨水过多、田间积水会导致土壤通气不良并影响灌浆成熟，应排水防涝。

②施粒肥

高粱开花成熟阶段吸收养分较中期减少，但若养分不足，将影响根系和叶片的功能，引起早衰，造成减产。滨海盐碱地种植高粱，后期常出现脱肥情况，可使用叶面喷肥的方法补充营养。

③防治病虫害

蚜虫、棉铃虫、叶部病害是高粱结实期的主要病虫害。虫害要及时药剂防治，但接近成熟时应停止施药。叶部病害防治以选用抗病品种为主，还可通过合理调控中前期的种植密度、田间配置、肥水管理等。

5.2.1.6　适时收获

高粱开花受精后形成子粒，子粒成熟过程划分为乳熟、蜡熟和完熟 3 个时期。子粒在成熟过程中不断积累干物质，并不断散失水分。乳熟期子粒干物质量增加速度较快，到蜡熟末期子粒干物质量达到最高值，此时收获可获得最高产量，是人工收获的适宜时期。完熟时，子粒干物质量不再增加，含水量继续下降，待子粒含水量下降到18%或更低时，可机械收获，收获的高粱经过清选、干燥达到安全水分后，即可入库储藏。收获过早会影响产量及品质；若收获过晚，则植株衰败枯萎甚至倒伏，造成自然落粒及穗部发芽，使产量、品质下降。

5.2.2　化学除草

杂草不利于高粱生产，传统人工除草的低效、高成本是影响高粱生产的主要因素。危害高粱的杂草有数百种，它们与高粱争水、争肥、争光、争地，造成高粱的产量和品质下降，滨海盐碱地的草害尤为严重。建议在出苗前使用除草剂，一般不宜在苗期喷除草剂。若苗期草害严重，应严格掌握喷药时间等。常用的播后苗前化学除草剂及使用方法如下。

5.2.2.1　阿特拉津

每亩用 38% 阿特拉津 180~250 mL。喷液量为人工喷雾每亩 30~40 L，拖拉机喷雾为每亩 15 L 以上。阿特拉津持效期长，易对后茬作物造成药害，后茬只能种玉米、高粱，后茬不能种敏感作物（如大豆、谷子、水稻、小麦、西瓜、甜瓜、蔬菜等），高粱套种豆类、蔬菜等时不能用阿特拉津。

5.2.2.2　都尔乳油

①每亩用 72% 都尔乳油 100~150 mL，兑水 35 L 左右，喷洒土表。

②用 75 mL 都尔，加 40% 阿特拉津胶悬剂 100 mL，兑水喷洒土表。

5.2.3　病虫害防治

5.2.3.1　病害防治

加强耕作与栽培管理是高粱病害防治的重要措施，在高粱生长期间，保持充分的土壤水分和提高植株对营养的吸收能力是病害防治的重要手段。减少害虫及其他根部病害侵染造成的伤口可以大大减少侵染机会，明显减轻发病。科学合理地施用氮磷钾肥料可以保持土壤肥力平衡，提高植株抗病力。合理密植可以减少植株个体间争肥争水，保证植株生长健壮，可明显减少病害。选择种植茎秆健壮、抗病性强的杂交种，可以减轻发病、减少倒伏。

（1）高粱靶斑病

高粱靶斑病主要为害植株的叶片和叶鞘，在高粱抽穗前后症状表现较明显。发病初期，叶面上出现淡紫红色或黄褐色小斑点，后成椭圆形、卵圆形甚至不规则圆形病斑，常受叶脉限制呈长椭圆形或近矩形。病斑颜色常因高粱品种不同而不同，呈紫红色、紫色、紫褐色或黄褐色。当环境条件有利于病害发生时，病斑扩展迅速、较大，中央变褐色或黄褐色，边缘呈紫红色或褐色，具有明显的浅褐色和紫红色相间的同心环带，似不规则

的 "靶环状"，大小为 1~100 mm，故称靶斑病。在籽粒灌浆前后，感病品种植株的叶片和叶鞘自下而上被病斑覆盖，多个病斑可汇合成一个不规则的大病斑，导致叶片大部分组织坏死。

防治方法：可用 50% 多菌灵可湿性粉剂、或 75% 百菌清可湿性粉剂、或 50% 异菌脲可湿性粉剂等喷雾防治；间隔 7~10 d 喷 1 次，连续喷 2~3 次。

（2）高粱纹枯病

高粱纹枯病主要为害植株叶片和基部 1~3 节的叶鞘。受害部位初生水浸状、灰绿色病斑；后变成黄褐色或淡红褐色，中央灰白色坏死，边缘颜色较深，呈椭圆形或不规则形，病斑大小不等，一般直径为 2~8 mm。后期病斑互相汇合，导致部分或全部组织枯死；在叶鞘组织内或叶鞘与茎秆之间形成淡褐色、颗粒状、直径 1~5 mm 大小不等的菌核。

防治方法：对于低洼潮湿、高肥密植、生长繁茂、遮阴郁闭、容易发病的田块，于高粱孕穗期开始，注意田间检查，摘除病叶、鞘，及时喷药保护，药液要喷在植株下部茎秆上。防治效果较好的药剂有井冈霉素、多菌灵、托布津、退菌特等。其中井冈霉素防效较好，每亩喷洒 5% 井冈霉素 150 mL，防效可达 70%。

（3）高粱炭疽病

高粱炭疽病可发生于各生育时期，苗期能引起幼苗立枯病甚至死苗。该病以为害叶片为主，也可侵染茎秆、穗梗和籽粒。病斑常从叶尖处开始发生，较小，为（2~4）mm ×（1~2）mm，呈圆形或椭圆形，中央呈红褐色，边缘依不同高粱品种呈现紫红色、桔黄色、黑紫色或褐色，后期病斑上形成小的黑色分生孢子盘。当遇高温、高湿（或高温、多雨）的气候条件时，病害发生较重。叶鞘上病斑呈椭圆形至长形（红色、紫色或黑色），其上形成黑色分生孢子盘。当叶片和叶鞘均发病时，常造成落叶和减产。

防治方法：播种前，应用 50% 福美双可湿性粉剂、或 50% 拌种双可湿性粉剂、或 50% 多菌灵可湿性粉剂，按种子质量的 0.5% 拌种，可有效防治苗期种子带菌传播的高粱炭疽病。

（4）高粱锈病

高粱锈病在抽穗前后开始发病。初在叶片上形成红色或紫色至浅褐色小斑点，后随病原菌的扩展，斑点扩大且在叶片表面形成椭圆形隆起的夏孢子堆，破裂后露出米褐色粉末，即夏孢子。后期在原处形成冬孢子堆，冬孢子堆较黑，外形较夏孢子堆大些。

防治方法：在高粱锈病的发病初期用药剂防治，可有效降低病菌的萌发率，从而减轻病害发生。可用 25% 三唑酮可湿性粉剂 1 500~2 000 倍液或 12.5% 烯唑醇可湿性粉剂 3 000 倍液或 50% 胶体硫 200 倍液叶面喷雾，7~10 d 一次，连续防治 2~3 次。

(5) 高粱红条病毒病

高粱红条病毒病通过蚜虫取食带毒新芽进行传播。初期，病株心叶基部的细脉间出现褪绿小点，断续排列呈典型的条点花叶状，后扩展到全叶，叶色浓淡不均，叶肉逐渐失绿变黄或红，成紫红色梭条状枯斑，最后变成"红条"状。当夜间温度为16 ℃或以下时，易诱病害症状产生，严重时红色症状扩展并相互汇合变为坏死斑。病斑易受粗叶脉限制，重病叶全部变色，组织脆硬易折，最后病部变紫红色干枯。

防治方法：及时防治蚜虫是预防高粱红条病毒病发生与流行的重要措施，为了取得较好的防病效果，治蚜必须及时、彻底。在高粱红条病毒病初发期，要及时喷施药剂治蚜，消灭初次侵染来源。

(6) 高粱黑束病

高粱黑束病是一种维管束病害，为土壤和种子带菌传播的系统侵染病害。叶片显症时叶脉上产生褐色条斑，多沿主脉一侧或两侧呈现大的坏死斑，致叶片、叶鞘变为紫色或褐色，严重时叶片干枯、茎秆稍粗、病株上部有分枝现象。横剖病茎，可见维管束（尤其是木质部导管）变为褐色，并被堵塞。纵剖病茎，可见维管束自下而上变成红褐色或黑褐色，基部节间的维管束变黑，严重的病株早枯，不抽穗或不结实。

防治方法：12.5%腈菌唑乳油100 mL加水8 000 mL，混合均匀后拌种100 kg，稍加风干后即可播种；17%羟锈宁拌种剂或25%粉锈宁可湿性粉剂，按种子质量的0.3%拌种。

(7) 高粱顶腐病

苗期、成株顶部叶片染病表现失绿、畸形、皱褶或扭曲，边缘出现许多横向刀切状缺刻，有的沿主脉一侧或两侧的叶组织呈刀削状。病叶上生褐色斑点，严重的顶部4~5片叶的叶尖或整个叶片枯烂。后期叶片短小或残存基部部分组织，呈撕裂状。有些品种顶部叶片扭曲或互相卷裹，呈长鞭弯垂状。叶鞘、茎秆染病会导致叶鞘干枯，茎秆变软或猝倒。花序染病穗头短小，轻则小花败育，重则整穗不结实。主穗染病会造成侧枝发育，形成多头穗，分蘖穗发育不良。湿度大时，病部会产生一层粉红色霉状物。

防治方法：播种前可用25%粉锈宁可湿性剂按0.2%拌种或10%腈菌唑可湿性粉剂150~180 g拌种100 kg；用0.2%增产菌拌种或叶面喷雾，对高粱顶腐病有一定的控制作用；用哈氏木霉菌或绿色木霉等生防菌拌种或穴施具有明显的防治效果。

5.2.3.2 虫害防治

(1) 高粱蚜

对高粱有害的蚜虫主要是高粱蚜。高粱蚜寄生在寄主作物叶背吸食营养，初期多在下部叶片为害，逐渐向植株上部叶片扩散，并分泌大量蜜露，滴落在下部叶面和茎上，影响植株光合作用及正常生长。高粱蚜发生世代短、繁殖快；如遇持续高温、少雨，高粱蚜可能大量出现。

防治方法：早期消灭中心蚜株（即窝子蜜），可轻剪有蚜底叶，带出田外销毁；用10%吡虫啉乳油或50%抗蚜威乳油或2.5%溴氰菊酯乳油或20%氰戊菊酯乳油或40%乐果乳油喷雾，按照各药剂使用浓度要求对水稀释后喷雾施用。

（2）黏虫

黏虫以幼虫为害，低龄幼虫潜伏在心叶中啃食叶肉，造成孔洞。3龄后幼虫危害叶片后，叶片会呈现不规则缺刻；暴食时，可吃光叶片，只剩主脉，再结队转移到其他田为害，损失较大。

防治方法：黏虫幼虫3龄前对药剂敏感，是防治的最佳时期；用0.04%二氯苯醚菊酯（除虫精）粉剂喷粉，用量为每亩2.0~2.5 kg；还可以用2.5%溴氰菊酯乳油25 mL兑细沙250 g制成颗粒剂，用量为每亩250~300 g，均匀撒施于植株新叶喇叭口中；还可以用20%杀灭菊酯乳油每亩15~45 mL，兑水50 kg喷雾。在清晨或傍晚用药，要做好操作人员的安全保护。

（3）玉米螟

玉米螟以幼虫蛀茎为害，初龄幼虫蛀食嫩叶形成排孔花叶，3龄后幼虫蛀入茎秆。受害高粱营养及水分输导受阻，长势衰弱，茎秆易折，造成减产。

防治方法如下。①放赤眼蜂。在高粱生长季放赤眼蜂2~3次，玉米螟一年发生2代以上地区可在玉米螟产卵初始、盛期和末期各放赤眼蜂1次。一般放蜂2次，玉米螟产卵初期，当田间百株高粱上玉米螟虫卵块达2~3块时，进行第一次放蜂，第一次放蜂后5~7 d进行第二次放蜂。每次放蜂每亩分5~6点释放，放蜂量视虫情程度而定，一般每次放蜂每亩2万头。②化学防治。在高粱心叶末期（大喇叭口期），用3%呋喃丹颗粒剂进行新叶投放，用量为每亩200 g、5~6粒/株；还可以用1.5%辛硫磷颗粒剂500 g，兑细沙5 000 g，每株投1 g。

（4）地下害虫

从播种萌芽至苗期，高粱主要受蛴螬、蝼蛄、金针虫、地老虎、金针虫等危害。这类害虫的全部或大部分时间生活在地表以下土壤中，主要危害高粱种子、根、茎等和近地面部分组织（嫩叶、幼茎等），因此称为地下害虫。这类害虫食性很杂，为害的时间长（从春天到秋季，从播种到收获），轻则造成缺苗断垄或根系组织被破坏，重则全田毁种，造成损失很大。

防治方法如下。①毒谷诱杀，用25%辛硫磷微胶囊剂150~200 mL拌饵料（饵料为麦麸、豆饼、玉米碎粒等）5 kg，或50%辛硫磷乳油100 mL拌饵料6~8 kg，播种时撒施于播种沟内。②药剂拌种，用50%辛硫磷乳油2 mL加水100 mL拌高粱种1 kg，堆闷后播种；还可以用35%呋喃丹种子处理剂28 mL（有效成分9.8 g），加水30 mL混合拌种1 kg，堆闷后播种。

（5）桃蛀螟

桃蛀螟为害高粱时，成虫把卵产在吐穗扬花的高粱穗上，一穗产卵3~5粒，初孵幼虫蛀入高粱幼嫩籽粒内，用粪便或食物残渣把口封住，吃空一粒再转下一粒，直至3龄前。3龄后，桃蛀螟吐丝结网缀合小穗，中间留有隧道，在里面穿行啃食籽粒，严重时把高粱粒蛀食一空。桃蛀螟是高粱穗期的重要害虫，此外还可蛀秆，为害情况如同玉米螟。

防治方法：在高粱抽穗始期要进行卵与幼虫数量调查，当有虫（卵）株率达20%以上、或100穗有虫达到20头以上时，即需用药剂防治；可用40%乐果乳油1 200~1 500倍液（或2.5%溴氰菊酯乳油3 000倍液等喷雾）；在产卵盛期提倡生物防治，可喷洒苏云金杆菌75~150倍液或青虫菌液100~200倍液。总之，在合理利用农业方法的基础上，适时进行化学防治和生物防治，可以有效控制桃蛀螟的危害。

（6）棉铃虫

棉铃虫主要以幼虫取食高粱穗部籽粒和叶片为害，取食量明显高于玉米螟，大发生时几乎把高粱籽粒吃光，造成减产。

防治方法：在棉铃虫幼虫3龄前，喷施75%拉维因乳油（或50%辛硫磷乳油），能够有效杀灭幼虫。

参考文献

[1] ALMODARES A，HADI M R，DOSTI B. Effects of salt stress on germination percentage and seedling growth in sweet sorghum cultivars [J]. Journal of Biological Sciences，2007，7（8）：1492-1495.

[2] ALMODARES A，HADI M R，KHOLDEBARIN B，et al. The response of sweet sorghum cultivars to salt stress and accumulation of Na$^+$，Cl$^-$ and K$^+$ ions in relation to salinity [J]. Journal of Environmental Biology，2014，35：733-739.

[3] BAVEI V，SHIRAN B，KHODAMBASHI M，et al. Protein electrophoretic profiles and physiochemical indicators of salinity tolerance in sorghum（*Sorghum bicolor* L.）[J]. African Journal of Biotechnology，2011，10（14）：2683-2697.

[4] FAN H，CHENG R R，WU H D，et al. Planting sweet sorghum in Yellow River Delta：agronomy characters of different varieties and the effects of sowing time on the yield and other biological traits [J]. Advanced Materials Research，2013，726-731：3-8.

[5] FRANCOIS L E，DONOVAN T，MAAS E V. Salinity effects on seed yield，growth，and germination of grain sorghum [J]. Agronomy Journal，1984，76：741-744.

[6] NOREEN S，ASHRAF M，HUSSAIN M，et al. Exogenous application of salicylic acid enhances antioxidative capacity in salt stressed sunflower（*Helianthus annuus* L.）plants [J]. Pakistan Journal of Botany，2009，41（1）：473-479.

[7] YAN K，XU H L，CAO W，et al. Salt priming improved salt tolerance in sweet sorghum by enhancing osmotic resistance and reducing root Na$^+$ uptake [J]. Acta Physiologiae Plantarum，2015，37.

[8] 李丰先，周宇飞，王艺陶，等.高粱品种萌发期耐碱性筛选与综合鉴定 [J].中国农业科学，2013，46（9）：1762-1771.

[9] 潘宗瑾，王海洋，刘兴华，等.江苏沿海甜高粱新品种盐甜 1 号与苏科甜 2 号选育与栽培技术 [J].大麦与谷类科学，2019，36（4）：21-22.

[10] 孙守钧，刘惠芬，王云，等.高粱-苏丹草杂交种耐盐性的杂种优势研究 [J].华南农业大学学报，2004（S2）：24-27.

[11] 董合忠.盐碱地棉花栽培学 [M].北京:科学出版社，2010.

[12] 李春宏，张培通，郭文琦，等.耐盐甜高粱新品种中科甜 3 号的选育及栽培技术 [J].江苏农业科学，2015，43（3）：95-96.

[13] 李少昆.玉米抗逆减灾栽培 [M].北京:金盾出版社.2010.

[14] 卢庆善.高粱学[M].北京:中国农业出版社,1999.

[15] 马金虎,郭数进,王玉国,等.种子引发对盐胁迫下高粱幼苗生物量分配和渗透物质含量的影响[J].生态学杂志,2010,29(10):1950-1956.

[16] 秦岭,张华文,杨延兵,等.不同高粱品种种子萌发耐盐能力评价[J].种子,2009,28(11):7-10.

[17] 王宝山,邹琦,赵可夫.高粱不同器官生长对NaCl胁迫的响应及其耐盐阈值[J].西北植物学报,1997(3):279-285.

[18] 王宝山.逆境植物生物学[M].北京:高等教育出版社,2010.

[19] 王海洋,王为,陈建平,等.江苏沿海滩涂盐碱地甜高粱高产栽培技术[J].大麦与谷类科学,2014(3):33-34.

[20] 王明珍,朱志华,张晓芳.中国高粱品种资源耐盐性鉴定初报[J].作物品种资源,1992(2):28-29.

[21] 王为,何晓兰,潘宗瑾,等.雅津系列甜高粱品种在江苏沿海盐碱地适应性研究初报[J].西南农业学报,2015,28(4):1851-1853.

[22] 张文洁,丁成龙,程云辉,等.盐土条件下不同栽培措施对4种禾本科饲草阳离子分布的影响[J].草地学报,2015,23(1):107-113.

[23] 张云华,孙守钧,王云,等.高粱萌发期和苗期耐盐性研究[J].内蒙古民族大学学报,2004,19(3):300-302.

[24] 张忠合,杨树昌.黄骅市雨养旱作技术集成[M].北京:中国农业科学技术出版社,2017.

[25] 刘宾,王海莲,管延安,等.不同除草剂对高粱地杂草防除效果研究[J].山东农业科学,2018,50(4):108-111.

[26] 王海莲,王润丰,刘宾,等.六个生长时期高粱对NaCl胁迫的响应[J].核农学报,2020,34(7):1543-1550.

[27] 张华文.高粱响应根际盐分差异分布的生理机制[D].沈阳:沈阳农业大学,2020.

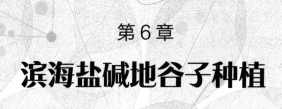

第6章

滨海盐碱地谷子种植

谷子是一种粮食作物，主要种植于我国北方，距今已有多年历史。谷子去壳称为小米，具有重要的营养价值，特别适合于老人、儿童食用。小米中富含维生素A、维生素B_1、维生素B_2和维生素E，小米中的氨基酸组成与牛奶、大豆类似。随着人们对健康饮食的重视，鉴于谷子具有较高的营养价值，谷子在人们的生活中起着越来越重要的作用。

近年来，随着玉米产能过剩，种植业结构亟需调整，谷子成为新兴种植结构中的重要组成部分。谷子是环境友好型作物，具有耐旱、抗瘠薄的特性，耐盐性较强。发展滨海盐碱地谷子种植对调整滨海盐碱地产业结构和促进可持续发展具有重要意义。

6.1　盐碱地谷子生长发育

盐碱地作物的生长发育决定着最终的产量，本节将重点介绍盐碱地谷子生长发育。

6.1.1　盐处理对谷种萌发和出苗的影响

谷种在适宜的温度、足够的水分、充足的氧气供应下便可以开始萌发，主要分为吸收膨胀、物质转化、幼胚生长等。谷种中的淀粉、蛋白质、纤维素等物质在水分充足条件下进行吸水膨胀。正常条件下，当谷种吸水量达到自身质量的15%时，便能缓慢萌动发芽；当谷种吸水量达到自身质量的25%~30%时，便能快速萌动发芽。在盐碱地条件下，土壤中水分含盐量较高，在含盐量0.3%以下的条件下，谷种可以开始进行吸水膨胀作用，但受土壤中盐离子的影响，吸水膨胀作用较缓慢，种子的萌动较慢。

谷种内含物质吸水膨胀后，开始进行呼吸作用，胚乳中的淀粉、蛋白质、脂肪在相关酶的作用下开始转化为简单的碳水化合物和含氮化合物。谷种胚开始利用胚乳中的各种物质进行呼吸作用，这一过程各种物质的转化需要大量的转化酶进行作用。盐处理对各种转化酶有一定的抑制作用，对谷种发芽有影响。盐碱地的土壤容易板结，造成土壤下的缺氧，对物质的转化和幼胚的生长有一定的抑制作用。

谷种胚在具有足够能量和养分的条件下开始生长，胚根开始向地下生长，胚芽鞘向地上部生长，当胚根达种子长度的一倍以上、胚芽伸长到种子相等长度时，种子萌芽完成。有研究表明，在低盐浓度（50 mmol/L）下，与对照处理相比，盐处理对谷种发芽率、发芽势、相对盐害率无显著差异；在高盐浓度（100 mmol/L）下，盐处理对谷种萌发有一定抑制效应，随着盐浓度的增加，发芽率、发芽势逐渐减低，相对盐害率升高，根长和芽长均受到明显抑制，且根长受到抑制效应大于芽长。因此，在盐碱地，谷种虽然能够出苗，但由于根系受到盐的影响较大，容易引起死苗。

6.1.2　盐处理对谷子苗期的影响

谷子从种子萌发、出苗到3~4片叶为苗期。苗期在春播条件下历时20~30 d，在夏播条件下历时10~15 d。苗期由于种子胚中的养分消耗殆尽，需要根系吸收土壤中的水分和养分维持地上部幼苗叶片光合作用所需的营养元素及蒸腾作用所需水分。在这一时期，谷子的根系和叶片尚未发育完全，易受逆境胁迫的影响。学者们关于盐处理对谷子苗期的生长发育进行了大量研究。研究表明：盐处理会使谷苗的干物质量和株高受到抑制，且随盐浓度的升高，抑制作用增强，这可能由于盐处理抑制了幼苗的生长和光合作用；盐处理使叶片SPAD值、气孔导度、光合速率、蒸腾速率降低，进而影响谷苗的生长和发育。适宜的氮磷钾配施能够缓解盐处理对谷子的影响，提高谷子的抗盐性，但若过量施肥则不利于谷子的抗盐性，可以在谷子苗期适量喷施叶面肥并结合苗期栽培管理措施提高谷子的抗盐性。在滨海盐碱地春播条件下，谷子出苗以后，雨季尚未到来，容易引起返盐，从而加剧盐处理对谷子苗期生长的抑制。

6.1.3　盐处理对谷子拔节期和孕穗期的影响

拔节期是谷子根系开始出现次生根到开始拔节。春谷这一时期历时20~30 d，夏谷历时10~15 d。这一时期主要是谷子根系的生长发育，根系能够产生3~5条次生根，是根系发育的第一个高峰期，这一时期谷子的抗性较强，特别是抗旱性。在盐碱地条件下，盐处理影响谷子地上部生长发育，对根系影响较小，影响叶片的光合性能并抑制茎节的长度，从而影响谷子株高。

孕穗期是谷子生长发育的关键时期，这一时期主要是谷子的幼穗开始形成和分化，是由营养生长转向生殖生长的关键时期，但这一时期仍以营养生长为主。春谷这一时期历时 25~30 d，夏谷历时 15~20 d，这一时期是生长发育的快速时期，需要吸收大量的水分和养分，从而维持地上部的生长。这一时期营养生长和生殖生长共存，需要协调两者的关系，既要保持营养生长为后期的生长发育提供物质转运的基础，同时又要促进生殖生长，为后期的灌浆提供库基础。盐处理对孕穗期的影响表现为抑制地上部同化物质的形成，影响穗的分化和形成，使很多单株形成无效穗，不能正常进行灌浆和成熟。

6.1.4　盐处理对谷子抽穗期和灌浆期的影响

抽穗期是抽穗至开花灌浆之前的时期，在这一时期，谷子生长发育的关键是穗的伸长增粗，完成谷胚的生长发育，为后期籽粒灌浆提供库，这一时期生长发育的好坏决定穗的大小。春谷这一时期历时 15~20 d，夏谷历时 10~15 d。抽穗期，谷子叶片已完全长出，次生根已全部形成，主要进行大量水分和养分吸收，从而促进穗部的发育和形成。在盐处理条件下，谷子抽穗期缩短，谷胚的形成和发育受到抑制，库的建成不完全，形成的谷穗较小，即使后期无盐害胁迫、光合产物充足，也会导致成熟期形成的穗较小，单穗重较低。

谷子完成抽穗以后开始进行开花受精，再进行灌浆的时期为灌浆期，春谷这一时期历时 40~45 d，夏谷历时 30~40 d。谷子开花一般持续 7 d 左右，从穗的中上部向两端扩展，三级枝梗上小花的发育是从顶端到底端。抽穗期是决定籽粒结实的关键期，如开花授粉不完全，易形成瘪粒。研究表明，在盐碱地，开花期谷子地上部各器官均受到不同程度的抑制，叶、茎干物质积累受影响最大，穗受影响较小。研究表明，盐碱地条件下，开花期受到的盐害影响相对较小，开花期开花授粉主要受温度和水分的影响。

完成开花授粉以后，谷子开始进入灌浆期，这一时期是决定籽粒质量的关键时期。在这一时期，籽粒的灌浆主要源于花前同化物质的转运和花后同化物质的积累。花后同化物质的积累对籽粒的贡献起主导作用，高达 70%。盐处理影响了花后同化物质的积累，降低了叶片的叶绿素含量和光合速率，从而影响产量；盐处理能提高花前营养器官同化物质对籽粒的贡献。

6.1.5　盐处理对谷子成熟期的影响

盐处理对谷子产量有影响。研究表明：谷子产量随着盐浓度的提高而下降，但存在品种间差异；成熟期谷子单穗重、单穗粒重、千粒重、出谷率、株高、穗长、穗粗均有不同程度的降低，但均存在品种间差异；谷子地上部各器官同化物质积累量均降低，花前同化物质的转运量提高；谷子产量盐害率与开花期地上部含水量显著负相关，可以通过提高开花期地上部含水量降低产量盐害率。

6.2　滨海盐碱地谷子栽培技术

笔者将以山东东营和滨州为主的黄河三角洲滨海盐碱地谷子栽培技术总结如下。

6.2.1　种植区域的划分

黄河三角洲地区海拔低，地下水位浅且矿化度高，自然蒸发量大，导致土壤盐碱化。智慧等人研究了发芽生理法和盐床法在鉴定谷子耐盐性基因中的应用，结果表明：发芽生理法可对谷子耐盐性基因型进行有效筛选鉴定，1.00%~1.50% NaCl 是适宜浓度。田伯红利用不同浓度的碱性盐溶液（$NaHCO_3$ 和 Na_2CO_3 摩尔比为 9∶1）处理冀谷 19 号种子，研究了碱处理对谷种萌发和幼苗生长的影响，结果表明：碱处理影响谷种萌发和幼苗生长；当盐浓度较低时，高 pH 值对种子发芽率没有明显影响，但芽和根的生长受抑制程度均随着溶液浓度的提高而增大。

6.2.2　播前准备

6.2.2.1　选地

谷子是典型的环境友好型作物，具有抗旱耐瘠的特点，但谷子不耐涝，过多的水分在苗期容易引起缺苗、死苗，在灌浆期容易引起减产甚至绝产。滨海盐碱地海拔较低，地下水位较低，土壤多为黏土，在夏季雨季来临时，容易造成积水。因此种植谷子应选择地势较高、排灌方便、不积水、无涝洼的地块，同时盐碱含量不能过高，盐碱含量在 0.3% 以下。

6.2.2.2　整地

（1）春谷

春谷播种期一般在 4 月中下旬至 5 月底。春谷种植需要提前整地，上季作物收获后，秋耕翻地。翻耕深度不宜过大，不要超过 25 cm。秋冬耕的效果与施肥水平和施肥深度密切相关，有机肥多的地块，增产效果明显。有机肥力不足条件下，若深耕，则会降低土壤养分浓度，增产效果不太明显。秋耕后冬灌或春天大水漫灌 1 次，每亩灌溉 60~80 m³ 压盐。播前施用氮磷钾肥和有机肥作底肥，然后旋耕整地，达到无大土块和残茬，表土疏松，地面平整。

（2）夏谷

夏谷前茬一般为小麦，可采用免耕残茬覆盖或灭茬作业。若进行免耕残茬覆盖，在小麦收获时，则采用带秸秆切碎的联合收获机，尽量留茬矮、粉碎细，并均匀抛撒；若进行灭茬作业，则先用秸秆还田机切碎秸秆，再用圆盘耙、旋耕机等机具耙地或旋耕，表土处理应不低于 8 cm，将小麦残茬切碎，并与土壤混合均匀，尽量做到地面平坦、上虚下实、无坷垃、无根茬，减少表层盐分聚集的危害。在耕耙之前施用氮磷钾肥和有机肥作底肥。

夏谷生育期短，要抢墒早种。对于有灌溉条件、腾茬早的地片，可以铺肥抢耕，但耕地不宜过深，一般不超过 15 cm。耕地后要马上耙地，耙平耙细，抢时播种。一般情况下，麦茬夏谷提倡贴茬播种。贴茬播种能争取农时，有利于充分利用光热资源，能减少因耕翻造成的土壤失水，起到保墒作用，减轻盐碱地后期返盐效应，降低死苗率。墒情不足时，有水浇条件的应在麦收前 10 d 以内浇麦黄水，这样既有利于小麦增产，又为夏谷播种造墒起到一水两用的作用。

6.2.2.3　种子处理

种子处理应使入土种子无草籽、无病原，有利于谷子苗全、苗匀、苗壮。谷子籽粒小，穗上籽粒发育不均，会导致脱粒后仍有秕谷。为提高种子质量，需进行种子精选，可进行盐水清选，盐水的浓度为 10% 左右。可以将种子倒入装有盐水的桶或盆中，加以搅拌，小而轻的种子多漂浮在水面，可以滤去。精选过的种子用 0.1%~0.2% 的辛硫磷水溶液浸种 24 h，堆闷 4~8 h，然后晾干，可防治地下害虫。用种子量 0.3%~0.5% 的拌种霜或多菌灵拌种，可防治白发病、黑穗病和叶斑病。若提高种子的发芽率，可进行播前暴晒，增强胚的生活力，从而提高种子的发芽率。精选的种子应确保种子纯度 ≥ 95%，发芽率 ≥ 85%，发芽势强，籽粒饱满均匀。

6.2.3　播种

6.2.3.1　播种期

春谷播种期的确定，除保证安全成熟外，主要是适应降水的分布，使谷子在各生育时期的需水规律与当地的降水特点相吻合。若播种过早，则病虫害较重，生育时期提前，拔节孕穗期在雨季之前进行，常因干旱造成"胎里旱""卡脖旱"，影响穗粒发育，形成空壳和秕谷；若播种过晚，生育后期易受低温危害。我国北方春谷多在 4 月下旬至 5 月上旬开始播种。

夏谷播种期受前茬作物的限制和苗期雨水的影响较大。研究表明，夏谷播种越早越好，早种是增产的关键。夏谷力争 6 月上旬到中旬播种，使幼苗在日照较长的条件下通过光照阶段，延长生长期，为生殖生长创造良好的营养基础；利用播种后的一段旱天蹲苗，促进扎根，培养壮苗；能使需肥、需水量大的孕穗期到开花期处于雨热同期，从而保证水分供应，避免"胎里旱""卡脖旱"。如果播种过晚，则会导致生长日数不足，前期营养生长不良，中期被迫进入生殖生长，发育差，秆矮穗小，后期温度降低，开花灌浆受抑制，严重影响产量，腾茬晚，影响小麦正常播种。大量实验表明，若 7 月 20 日后播种，则多数品种不能正常成熟。

关于不同谷子播期的研究已有大量报道。有学者研究了不同播期对夏谷冀谷 19 和冀谷 31 生长发育的影响，通过回归分析确定了最适播期为 6 月 12~24 日。有学者研究了播期对春谷产量及抗病性的影响，确定了适合延安地区谷子品种的最适播期为 5 月 15~22 日。有学者在辽宁、内蒙、河北均进行相关播期实验研究，确定了相应地区的最适播期。

6.2.3.2　播种方式与播种量

播种方式以能达到苗全、苗匀、丰产、高效为原则。全国各地谷子产区有各种谷子播种机械，有人力条播机、人力穴播机、畜力条播机、机械化条（穴）播机等。近年来，随着谷子精量播种机的研发，谷子机械化播种水平有了极大的提高，通过谷子精量播种机播种，可以达到免间苗。机械播种下籽均匀，覆土深浅一致，跑墒少，出苗好，省工方便。滨海盐碱地条件下的播种深度不宜过深，应不超过 3 cm，由于在盐碱地条件下，土壤表面易板结，播种过深容易造成胚顶土能力较差，引起出苗不全。

6.2.3.3　种肥

滨海盐碱地多数土壤地力较瘠薄，土壤含盐量较高、理化特性较差。在此条件下，基肥的施用以有机肥为主，有机肥养分全面、肥劲稳、持续期长。增施有机肥有助于改善土壤结构，培肥地力。春谷应结合秋冬整地施入；夏谷因要抢时早播，多数不施有机肥，但要创造条件，尽量增加有机肥的施用。夏谷可在播种前沟施或撒施，也可在间苗后结合中耕施入。磷肥和钾肥也可以作种肥或基肥施用，另外选用专用缓控释肥或生物菌肥作为种肥一次性施入。选用滨海盐碱地专用的控释肥能够避免肥料的淋溶、挥发，从而减少肥效降低的情况。

6.2.4　施肥技术

6.2.4.1　施肥原则

合理施肥是实现谷子优质、高产的关键措施之一。根据"重施基肥、配方施肥"的原则，确定肥料的配方及施用方法。肥料运筹上，要播前重施基肥、拔节期适当追肥、增施花粒肥，要根据滨海盐碱地条件下的不同地力水平开展不同的施肥措施。

6.2.4.2　施肥时期

谷子生长发育的各个时期对营养元素的吸收积累不同。为充分满足生长发育的需要，要根据谷子的需肥特点，区别不同的地力水平，适时、适量追施化肥。追肥主要是追施速效氮肥，尿素的效果较好。在施用基肥或种肥的基础上，高产谷子的追肥提倡分期追施。在地力条件较好的情况下，应在拔节期追施 1/3 的追肥量，有利于攻大穗，起到"座胎肥"的作用。在抽穗前 10 d 左右的孕穗期追施 2/3 的追肥量，以满足孕穗期到开花灌浆期对氮肥的大量需求，起到攻粒的目的。对于旱薄地或苗情较差的地块或早熟品种，初次要多追，使幼苗不狂长，以促进前期生长，实现穗大、穗齐。追肥包括根际追肥和叶面喷施，根际追肥是将肥料施入土壤中，以便根系吸收利用，一般结合中耕施入；叶面喷施也称根外追肥，谷子生育后期，根系吸收能力减弱，叶面喷施可以有效补充矿质养分，促进开花结实和籽粒灌浆。在滨海盐碱地条件下，追肥时期可以分基肥、拔节肥和花粒肥 3 次施用。基肥：播种前结合整地，全部施入有机肥和氮磷钾复合肥。拔节肥：拔节期，结合灌水追施尿素 10~15 kg。花粒肥：灌浆初期，叶面亩喷施磷酸二氢钾 0.5 kg，保粒数，增粒重。

6.2.5　水分管理

在山东省滨海盐碱地区，全年降水主要集中在 7~8 月。春谷、夏谷播种时期在 4 月下旬至 6 月中下旬，播种至幼苗生长期间，耕层土壤的含盐量较高，需要浇水压盐才能进行播种。研究表明，在播种出苗阶段，当降水不足 10 mm 时，播前灌水可以取得良好的效果，不仅出苗提早 3~4 d，而且苗全、苗齐、苗壮，幼苗多为一类苗，而不灌水的多为三、四类苗。

谷子进入孕穗期以后，茎、叶生长迅速，谷穗也在迅速发育，需水量逐渐加大。谷子在抽穗前后一段时间，对水分需求极为迫切，是需水临界期；如遇干旱，则植株生长速度大大减弱，严重干旱则会造成"卡脖旱"，抽不出穗；这一阶段一旦出现旱情，必须及时浇水，否则会造成严重减产。灌浆期，营养物质大量向籽粒输送，谷子对水分的需求量仍然很大；若供水不足，则会造成籽粒灌浆中途停止，产生大量秕谷，严重影响产量；这一时期谷子耐涝性也较差，并且遇暴风雨还易引起倒伏，因此浇水要及时，并且一次灌水量不宜过大。

6.2.6 田间管理

6.2.6.1 化学除草

除草是谷子种植中重要的生产技术环节。近年来，专用谷子除草剂的应用已经解决了生产中杂草的问题，除草剂使用应符合除草剂安全使用技术规范通则（NY/T 1997—2011）。谷子苗前的除草剂为"谷友"，一般在播种后、出苗前均匀喷施于地表，地面湿润要降低用量；谷子苗后的专用除草剂为"拿捕净"，但只针对抗"拿捕净"的专用品种。

6.2.6.2 保苗技术

黄河三角洲地区夏季作物的生产一般采用播前灌水压盐，从而使作物发芽出苗，但从苗后到雨季来临之前，随着蒸发量的提高，出现返盐现象，抑制了作物苗期的生长和发育，形成死苗、坏苗，从而形成缺苗断垄，最终影响作物产量（图6-1）。如何在不影响作物苗期生长的情况下提高覆盖度并减少蒸发，减少返盐，从而减轻盐害对苗期的危害是滨海盐碱地需要解决的重要问题。

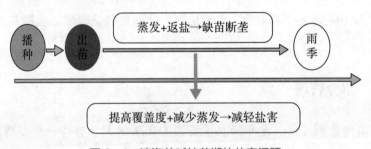

图6-1 滨海盐碱地苗期的盐害问题

6.2.6.3 中耕培土

滨海盐碱地土壤多为黏土，易板结。中耕是谷子生育前期、中期的重要田间管理措施，对培育健壮群体、提高产量有重要作用。因地制宜地进行中耕可以减少水分、养分的损耗，改善土壤通透性，调节土壤水、气、热状况，加速营养物质分解，有效协调地上部和根系的生长，保证谷子正常生长发育。第一次中耕一般结合间苗、定苗进行，这时幼苗次生根尚未扎出，生长缓慢，易受草害；这次中耕有利于诱发谷子扎新根。研究表明，苗期早中耕比不中耕的根重增加 6.4%，苗重增加 10%，幼苗明显健壮。拔节后的孕穗初始期是粗根系大量生长时期，这部分根系是夏谷生长发育的骨干根群，入土角度大，入土深度随土壤水分的增加而降低。拔节后，谷子生长中心向地上部转移，茎叶生长过旺会削弱根系的生长，因此水肥地要深中耕，控上促下，培育壮根。深中耕有如下作用：一是降低根际土壤水分，改善表层及稍深土层的通透性，为根系生长创造良好环境；二是能够"挖瘦根、长肥根"，锄断部分细弱根，促使多分枝和粗须根迅速扎出，迫使基部茎节缓慢生长；三是增加谷田蓄墒能力，为进入需水高峰贮备底墒。深中耕一般在 12~14 叶期进行，深度为 7~10 cm。深中耕促根、壮秆，增产效果明显。

6.2.7　病虫害防治

6.2.7.1　病害防治

（1）谷子谷瘟病

谷子谷瘟病（图 6-2）属真菌病害类型，病原菌为灰梨孢菌，是山东省谷子产区的重要气传流行性病害。谷瘟病在谷子各生育时期都可发病，可引起苗瘟、叶瘟、节瘟、穗颈瘟和穗瘟，以叶瘟、穗瘟发生较普遍且危害较重。苗期发病时，在叶片和叶鞘上形成褐色小病斑，严重时叶片枯黄。叶瘟多在 7 月上旬开始发生，叶片上产生梭形、椭圆形病斑，一般长 1~5 mm，宽 1~3 mm，在高感品种上可形成长 1 cm 左右的条斑；感病品种典型病斑中部灰白色，边缘紫褐色，病斑两端伸出紫褐色坏死线，高湿时病斑表面有灰色霉状物；严重发生时，病斑密集，互相汇合，叶片枯死。节瘟多在抽穗后发生，茎秆节部生褐色凹陷病斑，逐渐干缩，穗不抽出，或抽穗后干枯变色，病茎秆易倾斜倒伏。穗颈和小穗梗发病会产生褐色病斑，扩大后可环绕一周，致使小穗枯白，严重时全穗或半穗枯死，病穗灰白色、青灰色，不结实或籽粒干瘪。谷子品种间抗病性有明显差异，抗病品种叶片无病斑或仅生针头大小的褐色斑点；中度抗病品种生椭圆形小病斑，边缘褐色，中间灰白色，病斑宽度不超过 2 条叶脉；感病品种生梭形大斑，边缘褐色，中间灰白色，宽度超过 2 条叶脉。发病规律：谷瘟病的流行程度受气象条件的影响。

防治方法：发病初期可用三环唑类药物喷施，或敌瘟磷（克瘟散）40% 乳油 500~800 倍液、50% 四氯苯酞（稻瘟酞）可湿性粉剂 1 000 倍液、2% 春雷霉素可湿性粉剂 500~600 倍液等，每亩用药液 40 kg。

（b）

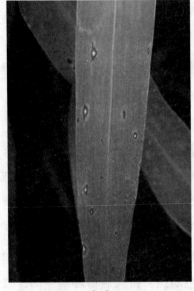

（a）

图6-2 谷子谷瘟病

（2）谷子纹枯病

谷子纹枯病（图6-3）属真菌病害类型，病原菌为立枯丝核菌，主要危害谷子叶鞘和茎秆，也侵染叶片，在我国谷子产区均有发生。病株叶鞘上生椭圆形病斑，中部枯死，呈灰白色至黄褐色，边缘较宽，病斑汇合成云纹状斑块，淡褐色与深褐色交错相间，整体花秆状。病叶鞘枯死，相连的叶片也变灰绿色或褐色而枯死。茎秆上病斑轮廓与叶鞘相似，浅褐色。高湿时，在病叶鞘内侧和表面形成稀疏的白色菌丝体和褐色的小菌核。病株不能抽穗，或虽能抽穗但穗小，灌浆不饱满。病秆腐烂软弱，易折倒，造成严重减产。

图 6-3　谷子纹枯病

防治方法：发病初期，可用 1%井冈霉素水剂 0.5 kg 兑水 40 kg 喷雾。

（3）谷子白发病

谷子白发病为真菌性病害类型，病原菌为禾生指梗霜霉菌。谷子白发病是系统侵染病害，谷子从萌芽到抽穗后，在各生育阶段陆续表现出多种不同症状，如：幼芽出土前被侵染，扭转弯曲，变褐腐烂，不能出土而死亡，造成田间缺苗断垄。烂芽多在菌量大、环境条件特别有利于病菌侵染时发生。从 2 叶期到抽穗前，病株叶片变黄绿色，略肥厚和卷曲，叶片正面产生与叶脉平行的黄白色条状斑纹，叶背在空气潮湿时密生灰白色霉层，为病原菌的孢囊梗和游动孢子囊，这一现象被称为"灰背"[图 6-4（a）]。苗期谷子白发病的鉴别以有无"灰背"为主要依据。

当株高为 60 cm 左右时，病株上部 2~3 片叶不能展开，卷筒直立向上，叶片前端变为黄白色，称为"白尖"；7~10 d 后，白尖变褐，枯干，直立于田间，形成"枪杆"[图 6-4（b）]；之后心叶薄壁组织解体纵裂，散出大量褐色粉末状物，即病原菌的卵孢子，残留黄白色丝状物，卷曲如头发，称为"白发"，病株不能抽穗。

（a）

（b）

图6-4　谷子白发病

有些病株能够抽穗，但穗子短缩肥肿，全部或局部畸形，颖片伸长变形成小叶状，有的卷曲成角状或尖针状，向外伸张，呈刺猬状，称"看谷老"，也称"刺猬头"。病穗变褐干枯，组织破裂，也散出黄褐色粉末状物。

防治方法：①谷子白发病可用25％甲霜灵可湿性粉剂或35％甲霜灵拌种剂，以种子质量的0.2％~0.3％的药量拌种；②用甲霜灵与50％克菌丹，按1∶1的配比混用，以种子质量的0.5％的药量拌种，可兼治黑穗病。

（4）谷子线虫病

谷子线虫病（图6-5）可侵染谷子的根、茎、叶、叶鞘、花、穗和籽粒，但主要危害花器、子房，只在穗部表现症状。大量线虫寄生于花部从而破坏子房，导致不能开花，即使开花也不能结实，颖片多张开；籽粒秕瘦、尖削，表面光滑有光泽；病穗瘦小，直立不下垂。发病晚或发病轻的植株症状大多不明显，能开花结实，但只有靠近穗主轴的小花形成浅褐色的病粒。不同品种症状差异明显，红秆或紫秆品种的病穗向阳面的护颖在灌浆期至乳熟期变红色或紫色，之后退成黄褐色；青秆品种无此症状，直到成熟时护颖仍为苍绿色。此外，谷子线虫病病株一般较无病病株稍矮，上部节间和穗颈稍短，叶片苍绿色、较脆。

发生规律：谷子线虫病主要随种子传播，带病种子是主要初侵染源，还可以通过秕谷以及落入土壤、混入肥料的线虫传播。

防治方法：播种前可用30％乙酰甲胺磷乳油或50％辛硫磷乳油按种子质量的0.3％拌种，避光闷种4 h，晾干后播种。

图 6-5　谷子线虫病

6.2.7.2　虫害防治

山东省谷子种植中的地下害虫有蝼蛄、金针虫、蛴螬等，地上害虫主要为黏虫。

地下害虫防治：在播前可用 50% 辛硫磷乳油 30 mL，加水 200 mL 拌种 10 kg，可防治蝼蛄、金针虫、蛴螬等地下害虫。

地上害虫防治：黏虫是爆发性害虫，存在季节性，一般年份危害性较小，但容易爆发，一旦爆发要及时防治。可用 25% 灭幼脲 3 号悬浮剂或 50% 辛硫磷乳油 1 000~1 500 倍液喷雾防治。

6.2.8　收获

谷子收获应适时，不应过早或过晚。收获过早，籽粒发育不充分，秕粒增加，造成减产；收获过晚，谷穗遇风摇摆，相互摩擦，也会造成落粒，从而影响产量。实行机械化收获的谷田在天气晴朗、不影响下茬播种的前提下，可适当推迟收获，以使谷穗充分脱水，降低植株含水量，有利于减少收获时的籽粒损失并便于籽粒晾晒。

参考文献

[1] 张永芳, 宋喜娥, 王润梅, 等. Na_2CO_3 胁迫对谷子种子萌发的影响 [J]. 种子, 2015, 34(11): 94-97.

[2] 徐心志, 代小冬, 杨育峰, 等. 盐胁迫对谷子幼苗生长及光合特性的影响 [J]. 河南农业科学, 2016, 45(10): 24-28.

[3] 呼红梅, 王莉. 氮、磷、钾对盐胁迫谷子幼苗形态和生理指标的影响 [J]. 江苏农业科学, 2016, 44(2): 117-122.

[4] 乔玉辉, 宇振荣. 灌溉对土壤盐分的影响及微咸水利用的模拟研究 [J]. 生态学报, 2003, 23(10): 2050-2056.

[5] 张凌云. 黄河三角洲地区盐碱地主要改良措施分析 [J]. 安徽农业科学, 2007, 35(17): 5266, 5309.

[6] 关元秀, 刘高焕, 王劲峰. 基于GIS的黄河三角洲盐碱地改良分区 [J]. 地理学报, 2001, 56(2): 198-205.

[7] 智慧, 刁现民, 吕芃, 等. 人工盐胁迫法鉴定谷子及狗尾草物种耐盐基因型 [J]. 河北农业科学, 2004, 8(4): 15-18.

[8] 田伯红, 王素英, 李雅静, 等. 谷子地方品种发芽期和苗期对NaCl 胁迫的反应和耐盐品种筛选 [J]. 作物学报, 2008, 34(12): 2218-2222.

[9] 田伯红. 谷子萌发及幼苗生长对碱胁迫的反应 [J]. 河北农业科学, 2009, 13(11): 2-3.

[10] 刘环, 刘恩魁, 周新建, 等. 夏谷播期与籽粒产量的回归分析 [J]. 天津农业科学, 2013, 19(3): 77-82.

[11] 袁宏安, 刘佳佳, 郭玮, 等. 播期对谷子产量及抗病性的影响 [J]. 河北农业科学, 2015, 19(5): 1-3, 32.

[12] 陈淑艳, 宿莲芝. 播种期对谷子生长发育及产量结构的影响 [J]. 辽宁农业科学, 2003(3): 7-8.

[13] 李书田, 赵敏, 刘斌, 等. 谷子新品种播期、密度与施肥的复因子试验 [J]. 内蒙古农业科技, 2010(3): 33-34.

[14] 赵海超, 曲平化, 龚学臣, 等. 不同播期对旱作谷子生长及产量的影响 [J]. 河北北方学院学报, 2012, 28(3): 26-30.

[15] 李金海, 张伟东, 吴秀山, 等. 旱薄盐碱地夏谷高产栽培技术 [J]. 山东农业科学, 1998(3): 21-22.

［16］李志军，贺丽瑜，梁鸡保，等.不同氮磷钾配比对黄土丘陵沟壑区谷子产量及肥料利用率的影响［J］.陕西农业科学，2013（5）：107-109.

［17］陈二影，杨延兵，程炳文，等.不同夏谷品种的产量与氮肥利用效率［J］.中国土壤与肥料，2015（2）：93-97.

［18］陈二影，秦岭，程炳文，等.夏谷氮、磷、钾肥的效应研究［J］.山东农业科学，2015，47（1）：61-65.

［19］刘建垒，常柳，段晓亮，等.小米营养成分及其贮藏加工稳定性研究进展［J］.中国食物与营养，2022，28（3）：55-62.

第 7 章
滨海盐碱地甘薯种植

甘薯是重要的粮食作物和经济作物。随着社会的发展，甘薯已经由粮食作物转化为重要的保健作物、经济作物和能源作物，在种植业结构优化中具有重要的地位。甘薯丰产性好、抗逆性强、适应性广，在生产中"不与粮争地"。生产中广泛栽培的甘薯一般不耐 0.2% 以上的盐碱，我国存在着大面积的滨海盐碱地需要开发，因此为了充分利用开发黄河三角洲滨海盐碱地和发展甘薯产业，有必要研究盐碱地条件下甘薯的生长发育状况和种植方法。本章将对盐碱处理对甘薯的影响以及甘薯耐盐碱育种和栽培方法进行阐述，以期对耐盐碱甘薯生产提供理论支撑。

7.1 盐碱地甘薯生长发育

甘薯属于不耐盐碱品种，当甘薯生长环境的盐度超过其耐盐阈值时，就会在功能水平上产生变化。如果盐分浓度不太大或处理时间不长，则产生的变化是可逆的；如果浓度很高或作用时间较长，则产生的变化变成不可逆胁变，时间长了会导致植株死亡。

7.1.1 盐处理对甘薯农艺性状的影响

盐处理对甘薯较显著的效应是抑制生长，表现为生物量和产量降低。一方面，甘薯通过额外吸收一定量的矿物质元素和合成一定量的可溶性有机物质进行渗透调节，以增加细胞质的浓度，降低水势，使细胞水势低于外界生境的水势，保证植物在盐处理下正常吸水；另一方面，要限制吸收某些有害离子，或把已经进入细胞的有害离子区域化到液泡中或排出体外。这些过程都要消耗能量，能量的消耗必然是以抑制植物生长为代价的，这就是通常所说的盐生植物的能耗问题。因此，盐处理下，甘薯的生长要比在正常条件下生长缓慢，植株矮小，生物量降低。在大田主要表现为缺苗断垄、叶片发黄、生长缓苗。

不同品种的耐盐碱能力差异显著，若收获时受盐碱处理危害较重时，薯块主要表现为薯块畸形、减产严重或绝产。

7.1.2　盐处理对甘薯生理代谢的影响

盐分对甘薯的伤害主要包括 2 个方面：离子胁迫和渗透胁迫。离子胁迫是盐碱地中的 Na 盐、Mg 盐和 Ca 盐解离后生成的 Na^+、Mg^{2+}、Ca^{2+}、Cl^-、SO_4^{2-}、CO_3^{2-} 等对植物产生的胁迫。通常情况下，离子胁迫主要是 Na^+ 和 Cl^- 胁迫，当浓度超过甘薯所能承受的范围时，则会引起伤害，会破坏膜电势，引起膜结构的破坏，抑制酶的活性，使蛋白质发生沉降，干扰甘薯的正常代谢。渗透胁迫是盐碱地中盐离子浓度较高，造成土壤水势下降，使植物难以吸收足够的水分。

7.1.2.1　盐处理对甘薯离子平衡的影响

当土壤中某些离子过高时，会抑制或促进某些元素的吸收、运输及转化，导致离子平衡被破坏。有学者用 100 mmol/L NaCl 处理耐盐性不同的甘薯品种，测定苗期（培养 20 d 后）根、茎、叶中 Na^+ 含量，Na^+/K^+，以及根、茎、叶的干物质量、鲜重，结果表明，在盐处理下，甘薯生长受抑制，甘薯不同器官（根、茎、叶）Na^+ 含量及 Na^+/K^+ 增加，耐盐性强的甘薯品种根、茎、叶 Na^+ 含量较低，耐盐性弱的甘薯品种幼苗茎、叶 Na^+ 含量较高。有学者研究了甘薯中后期（培养 100 d 后）不同品种根、茎、叶中 Na^+ 含量和 K^+ 含量，结果表明，随着 NaCl 浓度升高，甘薯生长均受到抑制，其中不耐盐品种受抑制程度最大，根、茎、叶中 Na^+ 含量及 Na^+/K^+ 都增加，根 Na^+ 含量最高，叶 Na^+ 含量最低。

7.1.2.2　盐处理对甘薯氮代谢的影响

盐处理影响硝态氮的吸收和硝酸还原酶（nitrate reductase，NR）活性，进而影响甘薯氮代谢。土壤中的 Cl^- 抑制 NO_3^- 的吸收，造成甘薯叶内一系列含氮化合物的代谢发生紊乱，NR 活性降低，影响氮素在植株体内的转化和利用，进而导致甘薯中总氮含量、叶绿素含量、DNA 含量、RNA 含量、RNA /DNA 下降。盐处理不仅加速甘薯叶片蛋白质水解，同时也影响核酸代谢、蛋白质的合成、细胞分裂、植株生长。NR 活性下降会导致游离氨基酸积累，形成氨基酸毒害，造成甘薯植株失绿变黄，最终导致减产。

7.1.2.3　盐处理对甘薯同化物合成、积累的影响

光合作用是绿色植物利用太阳能把 CO_2 和 H_2O 同化成碳水化合物同时释放 O_2 的过程。盐处理下，植物的气孔关闭，光合速率下降。研究表明：随着 NaCl 浓度升高，甘薯叶水

势、相对含水量逐渐下降，光合速率、蒸腾速率、水分利用率、气孔导度、气孔开度也明显下降；低浓度 NaCl 胁迫下胞间 CO_2 浓度下降，随着 NaCl 浓度提高，胞间 CO_2 浓度升高；NaCl 浓度与相对含水量、水势、光合速率、蒸腾速率、气孔导度极显著负相关。

盐处理下，甘薯叶片的叶绿体超微结构发生变化，类囊体膜片层松散、扭曲、破裂并逐渐解体，随着盐浓度增加，类囊体肿胀、空泡化，最终导致片层解体，叶绿素含量下降，叶片黄化并最终脱落。有学者以 5 个甘薯品种（胜利 100、徐薯 25、徐薯 26、徐 55－2 和徐薯 18）为材料，通过浇灌不同浓度（0 mmol/L、50 mmol/L、100 mmol/L）NaCl 溶液，研究了盐处理对甘薯幼苗叶片叶绿素含量和细胞膜透性的影响，结果表明：随着盐浓度增加，5 种甘薯幼苗的叶绿素总量呈下降趋势，相对电导率增大；5 种甘薯的耐盐性由小到大依次为胜利 100<徐薯 25<徐 55－2<徐薯 26<徐薯 18。

7.1.2.4　盐处理对甘薯抗氧化系统的影响

盐处理下，甘薯氧代谢失调，活性氧产生加快，清除系统的功能降低，致使活性氧在体内积累。活性氧是一类氧化能力异常强的物质，严重伤害植物细胞结构和功能，例如，叶绿体明显膨胀，类囊体垛叠损伤导致基粒松散或崩裂，线粒体受到伤害，氧化磷酸化效率明显降低，内膜的细胞色素氧化酶活性降低。活性氧可以诱发植物细胞膜脂过氧化，破坏植物体内蛋白质（包括酶）、核酸等生物大分子，引起 DNA 断裂和蛋白质水解，使细胞的结构与功能受到损伤。活性氧积累导致的胁迫为氧化胁迫，氧化胁迫导致的伤害为氧化伤害。

在氧化胁迫下，甘薯会激发自身的抗氧化系统。抗氧化系统由酶促抗氧化系统和非酶促抗氧化系统组成，前者称为抗氧化酶，后者称为抗氧化剂。孙晓波等人研究了海水处理对甘薯幼苗生长发育、膜透性、保护性酶活性、渗透调节物质含量和离子吸收分布的影响，结果表明：10％海水处理对甘薯幼苗生长没有抑制作用，25％、40％海水处理对甘薯幼苗生长有一定抑制作用；脯氨酸含量随海水处理浓度的提高、处理时间的延长而增加；在 10％、25％海水胁迫下，超氧化物歧化酶、过氧化物酶和过氧化氢酶活性均随海水处理浓度的提高和处理时间的延长不断升高，当 40％海水处理 3 d、6 d 时，甘薯幼苗叶片的超氧化物歧化酶、过氧化物酶和过氧化氢酶活性均较对照不断升高，处理 10 d 时，超氧化物歧化酶活性骤然降低，过氧化物酶活性略微降低，过氧化氢酶活性继续升高；10％、25％海水处理的甘薯幼苗叶片的丙二醛含量和膜透性与对照差异不大，40％海水处理的甘薯叶片丙二醛含量与膜透性值大幅上升；随着海水处理浓度的提高和处理时间的延长，甘薯幼苗根、茎和叶 Na^+、Cl^- 含量显著增加，茎、根 Na^+、Cl^- 含量明显高于叶部，甘薯植株各部分的 K^+ 含量随着海水浓度的增加和处理时间的延长不断降低。

7.1.2.5 盐处理对甘薯内源激素的影响

盐处理下，植物体内 ABA 含量增加，ABA 可以促进气孔关闭，随着 NaCl 浓度增加，ABA 和 ETH 含量均增加，但耐盐品种 ABA 含量增加幅度较小，不耐盐品种 ABA 含量增加幅度较大，ETH 升高会引起呼吸强度增加，从而提高甘薯的耐盐碱能力，这也是应对盐处理的应急反应。随 NaCl 浓度的增加，甘薯叶片的生长素、赤霉素、细胞分裂素和油菜素内酯的含量均下降，过氧化物酶活性提高，这说明盐处理抑制了植物的生长。

7.2 提高甘薯耐盐碱能力的措施

要想提高甘薯耐盐碱能力，可以从甘薯耐盐碱育种和耐盐碱栽培入手。下面介绍甘薯耐盐碱品种的选育和筛选。

传统耐盐碱甘薯杂交育种程序：选择综合性状优良的甘薯作为亲本之一，采用定向杂交或小集团放任授粉的方式获得 F_1 代杂交种子，将 F_1 代杂交实生种子播种，出苗后移栽到干净无病、土壤水肥条件适中、可充分发挥甘薯生长潜力的大田环境中，根据产量水平筛选单株（首轮筛选）；对上一步骤入选单株进行快速繁育，分别于不同年份、不同地点进行薯块产量、品质、抗病性等的田间鉴定，最终筛选获得目标甘薯新品系，入选品系在盐碱地进行耐盐碱性鉴定实验，该杂交育种程序需要 3~5 年时间完成田间鉴定。

该方法不足之处如下：一是搭配杂交组合时关注父、母本产量水平、品质性状和抗病性较多，较少关注亲本耐盐碱性；二是根据产量水平、品质、性状筛选出的 F_1 代杂交单株群体数量较大，田间鉴定时需要的人力、物力较多，且需要 3~5 年时间完成后续的产量、品质、抗病性、耐盐碱性等田间和室内分析鉴定。因此，传统杂交育种程序工作量大，育种年限长、成本高，在育种的早代未进行耐盐碱鉴定，导致大量耐盐碱甘薯单株可能在首轮筛选中已被淘汰。

为解决存在的问题，学者们探索了一种选育耐盐碱品种的育种方法。这种方法以综合性状好、适应性强、耐 0.3% 以上盐碱的甘薯品种为母本材料，在 F_1 代实生苗时期进行耐盐鉴定，缩短了育种年限，降低了育种成本，育成的耐盐碱甘薯品种可实现盐碱地的高产高效。主要步骤如下。

7.2.1 杂交获得 F_1 代实生种子

以耐盐碱甘薯品种为母本，以鲜薯产量高于徐薯 18、淀粉含量高于 20% 的甘薯品种为父本，采用定向杂交或集团杂交的方法获得 F_1 代实生种子（图 7-1）。

（a）

（b）

（c）

图 7-1　甘薯常规育种制取 F_1 种子

7.2.2　耐盐甘薯单株筛选

将 F_1 代实生种子育苗，出苗后植入含有 150 mmol/L NaCl 的 1/5 Hoagland 溶液中，于

25~27 ℃、2 000 lux 光照强度下培养，进行耐盐鉴定，得到耐盐甘薯品系。

7.2.3 育种

将获得的耐盐甘薯品系分别种植于不同地区的 NaCl 含量超过 0.3 % 的盐碱地，进行产量、品质比较实验，筛选出产量、品质符合要求的耐盐碱品种。

与传统育种方法相比，经有性杂交获得 F_1 代实生种子后代产生耐盐碱品种的概率大幅增加。将耐盐碱甘薯品系筛选鉴定提至首轮，既最大限度保证了杂交后代中耐盐碱单株，又淘汰不耐盐碱的材料，大大减少入选单株，使田间鉴定的工作量显著减少，能够二次完成异地多点产量比较实验，育种年限缩短 2~3 年，具有育种方法简单、育种周期短、准确度高、盲目性小、效率高的特点。培育出耐盐碱、综合性状好的甘薯新品种，可实现盐碱地甘薯高产、高效育种。

7.3 滨海盐碱地甘薯栽培技术

笔者将以山东东营和滨州为主的黄河三角洲滨海盐碱地甘薯栽培技术总结如下。

7.3.1 选用耐盐碱品种

在滨海盐碱地种植甘薯应选用耐盐碱品种。

7.3.2 壮苗培育

7.3.2.1 种薯选择和消毒

选取具有原品种特征，薯形端正，无冷、冻、涝、伤和病害的薯块；单块大小为 150~250 g；用 50 % 多菌灵可湿性粉剂 500~600 倍药液浸种 3~5 min 或用 50 % 甲基托布津可湿性粉剂 200~300 倍药液浸种 10 min，浸种后立即排种。种薯的质量应符合 GB 4406—1984 标准，农药的使用应符合 GB/T 8321.1—2000 标准。从异地调种时应经过当地病虫害检疫部门检查，防止外地病虫害的入侵。

7.3.2.2 育苗时间

根据甘薯品种类型，结合栽插时期确定育苗时间。淀粉型甘薯宜早栽，排种时间在 3 月 15~20 日；鲜食型和高花青素型甘薯宜晚栽，排种时间在 3 月 20~25 日。育苗的操作应符合相关标准。

7.3.2.3　壮苗标准

壮苗应具有本品种特征，苗龄 30~35 d，苗长 20~25 cm，顶部三叶齐平，叶片肥厚，大小适中，茎粗壮（直径 0.5~0.6 cm），节间短（3~4 cm），茎韧而不易折断，折断时白浆多且浓，全株无病斑，春薯苗百株鲜重 0.5 kg 以上，夏薯苗百株鲜重 1.0 kg 以上。壮苗标准应符合相关规定。

7.3.3　整地施肥

7.3.3.1　整地保墒，灌水压碱

没有水浇条件的地块，要秋深耕、春耙糖保墒、减少明暗坷垃，等雨栽插，趁墒抢栽，力争全苗；有水浇条件的地块，栽前 7~10 d 用淡水对盐碱地进行浇灌，使耕层土壤在浸泡条件下保持 24 h，将盐碱压到耕层以下。

7.3.3.2　增施有机肥和氮肥

当土壤表面淹灌水分自然下渗、地面能进行田间操作条件时，撒施腐熟的农家肥每亩 6~8 m³、尿素每亩 15~20 kg。肥料的使用应符合 NY/T 496—2010 标准。

7.3.3.3　起垄、覆膜

施肥后对田地进行深翻，深度为 30~35 cm，平整后起垄，垄距为 85~95 cm，垄高为 25~30 cm，垄面宽为 20~30 cm；破垄施入腐殖酸钾，腐殖酸含量每亩 40~50 kg；施肥后立即封垄，并用塑料薄膜覆盖垄表面，并在膜下铺设滴灌带。肥料的使用应符合 NY/T 496—2010 标准，地膜的使用应符合 GB/T 25413—2010 标准。

7.3.4　田间栽插

7.3.4.1　适时晚栽，合理密植

滨海盐碱地春薯应适当晚栽，淀粉型甘薯栽插时间宜在 5 月 5~10 日，鲜食型和高花青素型甘薯宜在 5 月 10~15 日；夏薯宜抢时早栽，淀粉型甘薯栽插时间宜在 6 月 5~10 日，鲜食型和高花青素型甘薯宜在 6 月 10~15 日。

7.3.4.2　栽插方法

选用壮苗，采用斜插露三叶的方式进行栽插，栽插前用多菌灵 500 倍液浸泡种苗基部 10~15 min，再用 ABT 生根粉 600 倍液浸泡种苗基部 1 min，然后进行栽插，每垄栽插 1 行，株距为 25~28 cm，栽插时应尽量减少对地膜的破坏，扦插后及时覆土封住扦插口。农药的使用应符合 GB/T 8321.1—2000 标准。

7.3.5　田间管理

7.3.5.1　肥水管理

（1）栽插时浇足窝水，确保秧苗成活，缓苗后遇旱要及时浇水。

（2）栽后 30~40 d 追施纯氮每亩 7.5~9.5 kg，甘薯进入块根膨大期后，用 0.5% 尿素和 0.2% 磷酸二氢钾溶液每亩 30 kg 进行叶面喷肥，每隔 7 d 喷 1 次，喷施 3~4 次。肥料的使用应符合 NY/T 496—2010 标准。

7.3.5.2　前期促秧、中后期控旺

（1）栽后 20~30 d，用浓度为 30~50 mg/L 己酸二乙氨基乙醇酯每亩兑水 30 kg 进行叶面喷施。农药的使用应符合 GB 4285—1989 和 GB/T 8321.1—2000 标准。

（2）对于肥水条件好的地块，若生长中期如果出现旺长现象，用 5% 的烯效唑可湿性粉剂进行叶面喷施，每次用量为每亩 30~50 g 兑水 30 kg，每隔 7~10 d 喷洒 1 次，连续喷 3~4 次。农药的使用应符合 GB 4285—1989 和 GB/T 8321.1—2000 标准。

7.3.5.3　病虫害防治

按照"预防为主，综合防治"的植保方针，坚持"以农业防治、生物防治为主，以化学防治为辅"的原则，防治滨海盐碱地甘薯病虫害。病虫害的防治应符合 DB37/T 2157—2012 等相关规定。农药的使用应符合 GB 4285—1989 和 GB/T 8321.1—2000 标准。

7.3.6　适时收获

淀粉型甘薯在 10 月下旬至 11 月初完成收获；鲜食型和高花青素型甘薯在 10 月中上旬开始收获，霜降前收完。应选择在晴天上午收获，同时把薯块分成 3 级（200 g 以下，200~500 g，500 g 以上），经过田间晾晒，当天下午入窖，应轻刨、轻装、轻运、轻卸，防止破伤。

7.3.7　品质要求

甘薯品质应符合相关标准。

7.3.8　储藏

选择合适的储藏窖，建在背风处。

参考文献

［1］陈京，吴应言.钙对甘薯种苗盐胁迫的缓解效应［J］.西南师范大学学报，1996，21（1）：78-83.

［2］代红军，柯玉琴，潘廷国.NaCl 胁迫下甘薯苗期叶片活性氧代谢与甘薯耐盐性的关系［J］.宁夏农学院学报，2001，22（1）：15-18.

［3］段文学，张海燕，解备涛，等.甘薯苗期耐盐性鉴定及其指标筛选［J］.作物学报，2018，44（8）：1237-1247.

［4］段文学，张海燕，解备涛，等.不同甘薯品种（系）田间耐盐性比较研究［J］.山东农业科学，2018，50（8）：42-46.

［5］高叶，赵术珍，陈敏，等.NaCl 胁迫对甘薯试管苗生长及离子含量影响［J］.安徽农业科学，2008，36（35）：15333-15335.

［6］郭小丁，邬景禹，钮福祥，等.在滨海盐渍地鉴定甘薯品种耐盐性［J］.江苏农业科学，1993（6）：17-18.

［7］过晓明，张楠，马代夫，等.盐胁迫对 5 种甘薯幼苗叶片叶绿素含量和细胞膜透性的影响［J］.江苏农业科学，2010（3）：93-94.

［8］过晓明，李强，王欣，等.盐胁迫对甘薯幼苗生理特性的影响［J］.江苏农业科学，2011，39（3）：107-109.

［9］柯玉琴，潘廷国.NaCl 胁迫对甘薯叶片叶绿体超微结构及一些酶活性的影响［J］.植物生理学报，1999，25（3）：229-233，315-316.

［10］柯玉琴，潘廷国.NaCl 胁迫对甘薯叶片水分代谢、光合速率、ABA 含量的影响［J］.植物营养与肥料学报，2001，7（3）：337-343.

［11］柯玉琴，潘廷国.NaCl 胁迫对甘薯苗期生长、IAA 代谢的影响及其与耐盐性的关系［J］.应用生态学报，2002，13（10）：1303-1306.

［12］孔令安，郭洪海，董晓霞.盐胁迫下杂交酸模超微结构的研究［J］.草业学报，2000，9（2）：53-57.

［13］刘桂玲，郑建利，范维娟，等.黄河三角洲盐碱地条件下不同甘薯品种耐盐性［J］.植物生理学报，2011，47（8）：777-784.

［14］刘伟，魏日凤，潘廷国.NaCl胁迫及外源 Ca^{2+} 处理下甘薯幼苗叶片多胺水平的变化［J］.福建农林大学学报，2005，34（2）：244-247.

［15］马箐，于立峰，孙宏丽，等.NaCl胁迫对不同甘薯品种体内离子分配的影响［J］.山东农业科学，2012，44（1）：43-46.

［16］钮福祥，邬景禹，郭小丁，等. NaCl 胁迫对甘薯某些生理性状的影响［J］. 江苏农业学报，1992，8（3）：14-19.

［17］孙晓波，谢一芝，马鸿翔. 甘薯幼苗对海水胁迫的生理生化响应［J］. 江苏农业学报，2008，24（5）：600-606.

［18］王宝山，范海，徐华凌，等. 盐碱地植物栽培技术［M］. 北京：科学出版社，2017.

［19］王灵燕，贾文娟，鲍敬，等. 不同甘薯品种苗期耐盐性比较［J］. 山东农业科学，2012，44（1）：54-57.

［20］解备涛，王庆美，张海燕，等. 甘薯耐盐碱研究进展［J］. 华北农学报，2013，28（增刊）：219-226.

［21］WANG B，ZHAI H，HE S Z，et al. A vacuolar Na$^+$/H$^+$ antiporter gene，*IbNHX*2，enhances salt and drought tolerance in transgenic sweetpotato［J］. Scientia Horticulturae，2016，201：153-166.

［22］FAN W J，DENG G F，WANG H X，et al. Elevated compartmentalization of Na$^+$into vacuoles improves salt and cold stress tolerance in sweet potato（*Ipomoea batatas*）［J］. Physiologia Plantarum，2015，154（4）：560-571.

［23］GRATTAN S R，GRIEVE C M. Mineral element acquisition and growth response of plants grown in saline environments［J］. Agriculture Ecosystems & Environment，1992，38（4）：275-300.

［24］ZHAI H，WANG F B，SI Z Z，et al. A *myo*-inositol-1-phosphate synthase gene，*IbMIPS*1，enhances salt and drought tolerance and stem nematode resistance in transgenic sweet potato［J］. Plant Biotechnology Journal，2016，14（2）：592-602.

［25］MOONS A，BAUW G，PRINSEN E，et al. Molecular and physiological responses to abscisic acid and salts in roots of salt-sensitive and salt-tolerant Indica rice varieties［J］. Plant Physiology，1995，107：177-186.

［26］YEO A R，FLOWERS T J. Varietal differences in the toxicity of sodium ions in rice leaves［J］. Physiologia Plantarum，1983，59（2）：189-195.

［27］LI Y，ZHANG H，ZHANG Q，et al. An *AP*2/*ERF* gene，*IbRAP*2-12，from sweetpotato is involved in salt and drought tolerance in transgenic *Arabidopsis*［J］. Plant Science，2019，281：19-30.

第 8 章
滨海盐碱地复合种植模式

黄河三角洲滨海盐碱地植物群落组成简单，生态环境脆弱，植被覆盖率低，土地蒸发量较大，导致土壤表层不断积盐，盐碱化不断加重，严重制约着该地区农业可持续发展。黄河三角洲滨海盐碱地也是我国重点经济开发区，其中轻度盐碱地是山东省重要的后备耕地资源。黄河三角洲年降水量波动大，季节分布不均匀，盐碱地返盐严重，气候条件变化严重影响小麦等农作物产量，传统的小麦玉米轮作模式利润逐年降低；间套作系统可以充分利用边行优势，提高光热资源利用率，具有显著经济效益、生态效益和社会效益；合理的间作模式可以促进光、热、水、肥、地的高效利用，减轻病虫草害，降低生产成本，恢复退化生态环境，提高群体覆盖率和经济效益，促进生物多样性与农业可持续发展。因此，开展滨海盐碱地复合种植模式研究对提高土地利用率和增加农民收入有重要意义。为此，有学者用小麦、小黑麦、玉米、花生、高粱等主要作物进行研究，比较不同复种模式对黄河三角洲滨海盐碱地周年产量和经济效益的影响，探索适合滨海盐碱地推广种植的周年农作物复合种植模式。

8.1 农作物种植模式

农作物间套作是 2 种或 2 种以上作物复合种植在耕地上的方式。我国间（混）套作历史悠久、分布广泛且类型方式多样，逐步向规范化发展，目前集约种植水平不断提高，向高效益化发展。

8.1.1 种植模式类型

8.1.1.1 单作

单作是在同一田块一季种植一种作物的种植方式，也称清种、纯种、平作、净种。

特点是作物单一、管理方便、便于机械化作业、劳动生产率高。

8.1.1.2 间混套作

（1）间作

间作是在同一田地上于同一生长期内，分行或分带相间种植2种或2种以上作物的种植方式。分带是间作作物成多行或占一定幅度的相间种植，形成带状，构成带状间作，例如，四行棉花间作四行甘薯、两行玉米间作三行大豆等。间作因为是成行或成带种植，因此可以实行分别管理。带状间作便于机械化或半机械化作业，与分行间作相比能够提高劳动生产率。

（2）混作

混作，也称混种，是在同一田块同期混合种植2种或2种以上作物的种植方式。特点是分布不规则、行内或隔行种植、撒播、不便分别管理、作物间比较近。

（3）套作

套作也称套种、串种，是在前季作物生长后期在行间播种或移栽后季作物的种植方式。套作与间作都有2种作物的共生期，套作的共生期只占全生育期的小部分，间作的共生期占全生育期的大部分或几乎全部。套作将生长季节不同的2种作物，一前一后结合在一起，两者互补，使田间始终保持一定的叶面积指数，充分利用光能、空间和时间，提高全年总产量。

间混套作示意图如图8-1所示。套作用"/"表示，如小麦/玉米；混作用"×"表示，如小麦×豌豆；间作用"‖"表示，如玉米‖大豆；复种用"-"表示，如肥-稻-稻。

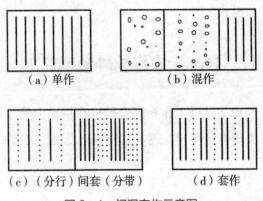

（a）单作　　　（b）混作

（c）（分行）间套（分带）　　（d）套作

图8-1 间混套作示意图

8.1.2　间混套作在农业生产中的意义

间混套作人工复合群体具有明显的增产增效的作用，原理是种间互补和竞争，主要表现为空间互补、时间互补、养分互补、水分互补、生物间互补等。

8.1.2.1　增产

研究表明，合理的间混套作具有促进增产高产的优越性。从自然资源的角度来说，在单作的情况下，时间和土地都没有充分被利用，太阳能、土壤中的水分和养分存在一定的浪费，间混套作构成的复合群体在一定程度上可以弥补单作的不足，能较充分地利用这些资源，并转变更多的作物产品。

8.1.2.2　增效

在农业现代化进程中，如何解决农业效益低、农民收入少并进一步实现高效益有重要意义。合理的间混套作能够利用作物之间的有利关系，可以以较少的经济投入换取较多的产品输出。因此，我国南方、北方都有大量生产实例证明间混套作的经济效益高于单作。对于黄淮海大面积的麦棉两熟，一般每亩纯收益比单作棉田提高 15% 左右；棉花与瓜类、绿叶菜、油料作物间混套作，有的比单作棉田收入高 2~3 倍；山东省在小麦-玉米、小麦-花生、小麦-黄烟一年两熟的基础上，纳入瓜、果、菜，一年三作或四作，在保证主体作物增产的前提下，一般每亩纯收入增加 200~300 元。

8.1.2.3　稳产保收

合理的间混套作能够利用复合群体作物的不同特性，增强对灾害天气的抗逆能力，例如：黄淮海一带采用的高产玉米与抗旱的谷子间作，利用复合群体内形成的特有的小气候，可以抑制一些病虫害的发生蔓延；华北的玉米与大白菜套作能减轻大白菜的病虫害，从而促进稳产保收。为了保证间混套作高产出的生产力，需广泛利用生物作用与现代农业科学技术，保护与培养地力，提高土地用养结合水平，保证农田的生态平衡。

8.1.2.4　协调作物争地的矛盾

间混套作运用得当、安排得好，在一定程度上可以调节粮食作物与棉、绿肥、饲料等的矛盾，甚至调节陆地作物与水生农用动植物争夺空间的矛盾，从而起到促进多种作物全面发展、推动农业生产向更深层次发展的作用。

8.1.3 间混套作的效益原理

间混套作在作物种类选配时，应选择不同生态位的作物种类，有利于减弱竞争、加强互补，提高群体产量。间混套作选择空间、营养与时间生态位不同的作物搭配时，利用空间生态位差异组配的复合群体，增产效果显著。

8.1.3.1 异质效应

空间竞争表现在间混套作中的高位作物对矮位作物的遮荫，矮位作物受光叶面积少，受光时间短，光合效率低，生长发育不良，遮荫程度决定于高度差、株型、矮作的幅宽等。

利用作物生物学特性的差异，将生态位不同的作物进行组合，使其在形态上"一高一矮"、叶型上"一圆一尖"、生理上"一阴一阳"、最大叶面积出现时间"一早一晚"、养分吸收上喜磷喜氮结合等，组成一个互补的复合群体结构。例如，喜光作物（如水稻、小麦、油菜、玉米、棉花、谷子）搭配耐阴作物（如大豆、黑麦、马铃薯、豌豆、生姜、荞麦）。

8.1.3.2 密植效应

利用作物形态学不同，建立透光、通风的共生复合群体，可以提高种植密度。间混套作可以使作物实现分层用光，能充分经济地利用光能；高矮相间，形成"走廊"，利于空气流通和 CO_2 供应；苗期扩大全田光合面积可以减少漏光损失；在生长盛期增加叶片层次，可以增强群体内部透光，减少光饱和浪费；在生长后期提高叶面积系数，可以在整个生育期内提高光能与 CO_2 的利用率。

对于高位作物与矮位作物间混套作，高位作物除了能截获从上面射来的光线外，还增加了侧面受光。单作和间作采光面积示意图如图 8-2 所示。

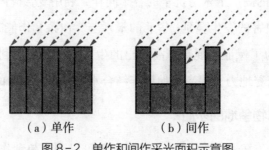

（a）单作　　　　（b）间作

图 8-2　单作和间作采光面积示意图

8.1.3.3 边际效应

作物边行的条件不同于内行，由此表现出来的特有产量效益称为边际效应。共生的高位作物边行通风条件好，根系竞争能力强，吸收范围大，生育状况和产量优于内行，表现为边行优势或正边际效应。矮位作物边行由于受到高位作物的不利影响，表现为边行劣势或负边际效应。不同作物与玉米间作边行效应如表8-1所示。在低肥稀植条件下，水肥条件改善是增产的主要原因；在高肥密植条件下，改善光及 CO_2 供应是增产的主要原因。

表8-1　不同作物与玉米间作的边行效应

作物种类	边1行（1，6行）	边2行（2，5行）	边3行（3，4行）	6行平均
大豆	93.4	96.8	103	97.7
谷子	49.7	80.1	91	73.6
花生	67.6	83	85	78.5
甘薯	61.2	73.9	81	72.0
棉花	36.8	55.7	71	54.5
马铃薯	86.3	100.2	99.7	95.4

8.1.3.4　补偿效应

间混套作由于多种作物共处，因此能减轻病虫、草害和旱涝风害；当一种作物受害时，其他作物能充分利用未受害作物利用的环境因素，以弥补受害作物的产量损失，这种效应就称为补偿效应。

有学者将玉米、菜豆间作，由于天敌增多，叶蝉、黄瓜条叶甲等害虫比单作菜豆时少。在间混套作田里，因有其他作物隔离，减少接触传染，所以有些病虫害也能受到抑制。例如，烟草花叶病是由病毒引起的病害，严重影响烟草产量和品质，间套作烟田往往发病较轻。

间混套作能够利用各种作物在时间生态位上的差异，发挥延长光合时间所引起的增产增值效应；利用不同作物冠、根在空间分布上的层状结构达到增产的目的。

8.1.3.5　化感效应

化感效应是共生作物分泌物（代谢产物）之间的生物化学影响。植物在生育期间地上、地下部经常不断地向周围环境中分泌气态或液态的代谢产物，如碳水化合物、醇类、酚类、醛类、酮类、酯类、有机酸、氨基或亚氨基化合物，对周围的生物产生有利（或不利）的影响或互不影响。作物之间通过生物化学物质，直接或间接地产生有利的相互影响，称为正对等效应；产生不利的相互影响，称为负对等效应。

洋葱和棉花间混套作，洋葱的分泌物和挥发气体能抑制棉蚜活动；大蒜和油菜间作，大蒜素可使油菜菌柱病发病率大幅度下降；一些作物的根系分泌物可作为另一种作物的养分，如豆类根系分泌物中含有多种氨基酸类可被各类作物吸收利用，各类作物根系分泌的无氮酸类同样能被豆类作物根系吸收利用。鹰嘴豆根、茎、叶分泌的草酸对蓖麻起抑制作用。

8.1.4 间混套作技术要点

科学实验和生产实践表明，间混套作具有增产效果。如果复合群体的种间和种内关系处理不当、竞争激化，结果会适得其反。如何择选作物组合、配置田间结构、协调群体矛盾，成为间混套作技术要点的主要内容。

8.1.4.1 选择适宜的作物和品种

第一，间混套作作物对大范围的环境条件的适应性在共处期间要大体相同，例如，水稻、花生、甘薯等对水分条件的要求不同，它们之间就不能实行间混套作；第二，要求作物形态特征和生育特征要相互适应，有利于互补地利用环境，例如，植株高度要高低搭配，株型要紧凑与松散对应，叶子要大小尖圆互补，根系要深浅疏密结合，生育期要长短前后交错；第三，要求作物搭配形成的组合具有高于单作的经济效益。

8.1.4.2 建立合理的田间配置

合理的田间配置有利于解决作物之间的各种矛盾。在作物种类、品种确定后，合理的田间配置是发挥复合群体充分利用自然资源的优势和解决作物之间一系列矛盾的关键。合理的田间配置能增加群体密度，有较好的通风透光条件。如果田间配置不合理，即使其他技术措施配合得再好，也往往不能解决作物之间争水、争肥、争光的矛盾。

8.1.4.3 作物生长发育调控技术

在间混套作情况下，虽然合理安排了田间结构，但它们之间仍然有争光、争肥、争水的矛盾。为了使间混套作达到高产高效，应做到如下技术要点：一是适时播种，保证全苗，促苗早发；二是适当增施肥料，合理施肥，在共生期间要早间苗、早补苗、早追肥、早除草、早治虫；三是施用生长调节剂，控制高层作物生长，促进低层作物生长，协调各作物正常生长发育；四是及时综合防治病虫；五是早熟早收。

上述间混套作技术要点是实现间混套作增产增收效益必须掌握的内容。选择适宜的作物和品种是调整复合群体中作物之间相互关系和实现增产增收的基础，建立合理的田间配置是关键，作物生长发育调控技术可以为协调种间关系进一步做好保证。

8.2 滨海盐碱地传统复合种植模式

8.2.1 冬小麦与夏玉米轮作模式

笔者在总结多年科研成果和生产经验的基础上，简要介绍以山东东营和滨州为主的黄河三角洲滨海盐碱地的冬小麦-夏玉米生产管理的基本程序，这项技术已形成一套较完整的种植程序，既可确保小麦、玉米当季高产，又可保证全年周期连续高产。在轻度盐碱地上进行科学的辅助栽培措施及对作物生产进行综合管理，可以达到增产增收的效果。

8.2.1.1 冬小麦与夏玉米轮作的生产特点

冬小麦与夏玉米轮作是山东省的主要种植制度，因两年三熟，农时较紧张，在生产管理上具有如下特点。

（1）作物构成一个生产系统，农作管理要统筹兼顾

小麦播种前有较充足的时间进行整地、施肥和灌水，夏玉米主要利用雨水和小麦磷肥后效。因此，两茬作物的施氮量大致相当，磷肥主要施给冬小麦，钾肥主要施给夏玉米。

（2）两茬综合高产，冬小麦可适当晚播，通过增加播种量挽回晚播减产

小麦晚播可将冬小麦节余的农时留给夏玉米，使夏玉米品种由早熟改为中熟，通过抢时早播和适当迟收，充分发挥夏玉米的增产潜力。

8.2.1.2 冬小麦与夏玉米轮作高产栽培技术

（1）冬小麦栽培技术

①施足基肥

结合深耕深松（25 cm 左右合适），施有机肥和化肥；精选种子，进行种衣剂包衣或药剂拌种，防治病虫害；灌足底墒水，足墒适期适量播种。春季小麦返青阶段，用犁顺垄顶深开沟施基肥，一般亩施优质有机肥 2 000 kg 以上、磷肥 50 kg、钾肥 10 kg。播种玉米时结合浅刨垄顶开沟施碳酸氢铵约 30 kg 作基氮肥，以满足玉米前期生长发育的需要。

②选择良种

冬小麦与夏玉米轮作必须处理好小麦、玉米的良种配套，冬小麦品种应选择矮秆、抗倒、大穗大粒型品种，可提高当季产量。夏玉米品种应选择紧凑型中早熟杂交种，叶片上冲，适于密植，既可保证玉米高产稳产，又可早成熟、早倒茬、早种冬小麦，利于下茬冬小麦高产。宜选高产、抗倒、抗逆、成穗率高的品种。

③足墒适期套种

苗全、苗齐、苗匀、苗壮是冬小麦高产的基础。足墒播种是关键，保证一播全苗。保全苗，雨后锄地，11月下旬平均气温 3~4 ℃时及时灌冬水。春季田间管理以争取壮苗为目标，根据苗情（旺苗、壮苗、弱苗）、地力、墒情等特点，水肥结合，灌水和中耕结合，酌情适量适时施肥、灌水、中耕和化学除草。

④后期管理

扬花灌浆期趁无风天灌水，结合灌水适量施肥或喷施叶面肥，增加粒重，防治干热风；抽穗期喷药防治病虫害。6月中旬适时收获，为夏玉米播种做准备。

（2）夏玉米栽培技术

夏玉米生育期短，必须以促为上，加强科学管理，有如下措施：麦收后及时中耕灭茬，松土促根培壮苗；拔节期看苗偏追氮肥促平衡；大喇叭口期重追攻穗肥促穗大；搞好人工辅助授粉促粒多；及时防治病虫保高产。

①抢时播种

宜选高产、耐密、抗逆的早熟或中熟品种，例如农大 108、郑单 958、鲁单 50、登海9 号等。6月下旬通过晒种、包衣、拌种等对种子进行处理，播前施基肥或播时施种肥、足墒播种、化学除草等。如用秸秆还田要格外加施适量氮肥。

②肥水管理

出苗后间苗、定苗（直播未施肥的要在 4 叶期补施氮磷钾肥，套种的要施定苗肥），防治病虫害。7月中旬至 8 月中旬，中耕 1~2 次；大喇叭口期重点追施氮肥；大喇叭口至抽雄后 20 d 旱时要浇水；防治病虫害。

③后期管理

高产或脱肥田抽雄后适量施肥、旱时浇水、虫害防治、适时迟收，每晚收 1 d 玉米可能亩增产数千克。

紧凑型玉米杂交种适于高度密植，在一定亩株数的范围之内，单产变化不大，依靠较大的群体达到高产的目的。

8.2.2 小麦与春棉套作模式

近年来，研究人员在总结实践经验的基础上，不断改进提高小麦与春棉套作模式，实现棉麦双丰收，经检验普遍适用于以山东东营和滨州为主的黄河三角洲滨海盐碱地。

8.2.2.1 小麦春棉套作种植方式

（1）以 2~2.1 m 为一带种植

麦行占地宽 1 m，种 6 行小麦，小麦行距 20 cm，空档 1~1.1 m，翌春在空档中间套种 2 行春棉，棉花行距 46 cm，棉行与麦行相距 30 cm 左右。这种种植方式适于土质肥沃、水肥条件较好的地块。套作的小麦一般亩产 250~350 kg。

（2）以 1.67 m 为一带种植

每带内种 4 行小麦、2 行棉花。小麦行距 20 cm，棉花小行距 46 cm、大行距 1.2 m。小麦也可实行宽窄行种植，每带内 4 行小麦占地宽 46 cm，小麦宽行 20 cm、窄行 13.2 cm，棉花行距 40 cm，棉花与小麦行距 40 cm。这种种植方式适于土质较好、中等以下肥力的地块。

（3）以 1.5 m 为一带种植

每带内种 3 行小麦、2 行棉花。小麦行距 20 cm，棉花行距 50 cm，麦收后棉花宽行 1 m。这种种植方式适于地力中等的地块，也适合于轻度盐碱地（图 8-3）。

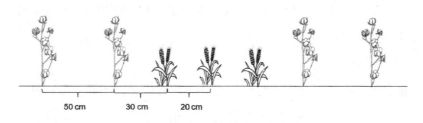

图 8-3 小麦春棉套作模式

8.2.2.2 小麦春棉套作高产栽培技术

套作的春棉从播种出苗到前期生长阶段，都是与小麦共生的；春棉由于受套作小麦的影响，往往不易全苗，造成缺苗断垄。为了实现一播全苗和壮苗早发，棉花种植采用"两膜"栽培技术，即地膜覆盖和育苗移栽；为获得棉花早熟、高产并减轻套作带来的不利影响，棉花最好育苗移栽大田后再进行地膜覆盖。在具体操作和管理上主要抓好如下几点。

（1）播前准备

①整地施肥

春棉在播种或移栽前要把棉花行整成高 10 cm 左右的小高垄。小麦种在垄底，棉花种在垄背，这样既有利于小麦浇水，也有利于棉花苗期早发或方便覆盖地膜，缓和套作期间的矛盾。结合整地施农家肥，有条件的还可增施一些饼肥等。

②品种选用

选用抗枯黄萎病的中早熟或中熟棉花品种，种子要经过脱绒、包衣技术处理。常规棉品种选用原种或原种一、二代，杂交棉品种选用一代杂交种。

③浇足底墒水

播种前 10 d 左右，约 3 月底~4 月初，结合浇小麦孕穗水，浇足棉花的底墒水，亩浇水量为 35~40 m³。

④确定播种期

地膜直播棉，为防止出苗时高温烧苗或出苗后遇低温冻害，一般于 4 月 10 日前后选晴天播种；营养钵（块）育苗移栽，在 3 月底、4 月初，最迟不晚于 4 月 15 日，选晴天种育苗。

（2）全苗早发技术措施

①播种方法

a. 地膜直播棉

一般采取先播种后覆膜的方法。"4-2" 式、"3-2" 式麦棉配套，选用幅宽 90~100 cm 的地膜，一膜盖双行；"3-1" 式、"4-1" 式麦棉配套，选用幅宽 60~70 cm 的地膜，一膜盖一行，覆盖度为 40%~50%。

b. 营养钵（块）育苗

以有机肥为主，有机肥与床土的比例为 2:8，有机肥一定要充分腐熟并过筛；选用钵体直径为 6~7 cm、高 10 cm 的大钵制钵器，后用细水慢流洇钵，等水下渗后，每钵下 2~3 粒干籽，再覆盖厚约 2.5 cm 的湿润细土，接着喷芽前除草剂，按标准搭起弓棚架，覆盖塑料薄膜，把膜边四周用土压严。

②及时打孔放苗和搞好苗床管理

a. 地膜直播棉

苗出土后，当子叶由黄变绿时，抓住晴天及时开孔放苗，特别是遇到晴天高温时，更要注意及早放苗，防止高温膜下烧苗，放苗后待子叶上水分干后，及时用细土封严膜口，以提高地膜的增温保墒效果。

b. 营养钵（块）育苗

苗齐后及时开口通风调温。棉苗出齐后，选晴天进行间苗，一片真叶进行定苗，做到一钵（块）留一壮苗。苗床浇水，一般出苗前不浇水，不旱不浇水，只有当苗床缺墒、苗茎明显变红时，才需浇水；浇水时要选晴天，采取小水细流一次浇透，切勿大水漫灌和经常浇水，防止形成高脚苗。

③及时间苗

a. 地膜直播棉

去弱留强，每穴留 2 棵苗，长出第 2 片真叶时定苗，每穴留 1 棵壮苗。在定苗时凡遇到只缺 1 棵苗的，相邻穴可留双苗代替缺苗；如果缺苗 2 棵及以上的，一定要用营养钵（块）育苗移栽补缺，保证留足所要求的密度。

b. 营养钵（块）育苗

当长到 3~4 片真叶时，约 4 月底、5 月初，即可移栽，按行距要求开沟，带尺按株距要求移栽棉苗，先覆土 2/3，接着浇水，等水下渗后，再覆土 1/3，然后整平。

④防治病虫害

棉花苗期根病以立枯病和炭疽病为主，多雨年份，猝倒病较重；叶病主要是轮纹斑病。按棉苗生长期，出第 1 片真叶时最易得病，发病的环境条件是低温高湿。第一，要通过及时中耕、间苗、定苗等管理，改善棉苗生长条件，使棉苗生长健壮，增强棉苗的抗病、耐病能力；第二，选用经过脱绒包衣的种子，防治苗病；第三，在低温寒流来临之前，用喷雾杀菌剂（如多菌灵、杀菌王等）进行防治。

棉花苗期害虫主要有红蜘蛛、棉蚜、地老虎等，一些年份盲蝽象、棉蓟马、玉米螟也有发生，一般可采用久效磷、甲胺磷等对口农药予以防治。若有地老虎，可配制毒饵防治，如用敌百虫拌棉仁饼或麦麸等。

棉花蕾期、花铃期、吐絮期的田间管理同一般大田。

（3）套作小麦的主要栽培措施

适期播种，施足底肥，努力提高整地、播种质量。如因前茬作物收获晚不能正常播种的，要选用适宜晚播的品种。在不得已的情况下，播种春麦时，播前要施足底肥，并适当浅播。收割小麦时最好随收随捆，这样既能防止麦秆压毁棉苗，又便于运输。在收割和运输小麦时，注意不伤或少伤棉苗。套作小麦和其他管理同一般大田。

8.2.3 小麦与花生套作模式

小麦与花生套种一般是畦麦套种，小麦按常规种植，不留套种行。在小麦灌浆期套种，也称夏套花生或麦套夏花生。笔者将以山东东营和滨州为主的黄河三角洲滨海盐碱地小麦与花生套作模式总结如下。

8.2.3.1 小麦与花生套作生产特点

麦套花生生育期天数介于春花生和夏直播花生之间，约 130 d。麦套花生播种后与小麦有一段共生期，使麦套花生有较长的生长期，有效花期、产量形成期和饱果期均长于夏直播花生。

麦套花生与小麦共生期间不能施基肥，苗期生长受影响，存在争水、争肥、争光情况，花生生育条件差。不利因素主要是遮光，近地层气温比露地低 2~5 ℃，出苗慢，始花晚，主茎基部节间细长、侧枝不发达、根系弱、基部花芽分化少、干物质积累少。遮荫下生长的花生在麦收后一去除遮荫，还需适应缓苗过程，生长极慢。小麦灌浆期耗水较多，干旱时花生常出现"落干""回苗"现象，不易全苗、齐苗。

要保证麦套花生高产，就必须把好麦后管理关。针对麦套花生的生育特点和近几年的经验，麦套花生麦收后的田间管理上要突出"早"，通过及早中耕锄草、灭茬、施肥、浇水、防治病虫害，可以为花生健壮生长发育创造良好条件，促进苗全、苗齐、苗壮。

8.2.3.2　小麦与花生套作栽培技术

（1）套种模式

①大沟麦套种

小麦播种前起垄，垄底宽 70~80 cm，垄高 10~12 cm，垄面宽 50~60 cm，种 2 行花生，垄上小行距 30~40 cm，垄间大行距 60 cm；沟底宽 20 cm，播种 2 行小麦，沟内小麦小行距 20 cm，大行距 70~80 cm。花生播种期可与春播相同或稍晚，畦面中间可开沟施肥，亦可覆盖地膜，或结合带壳早播。这种方式适用于中上等肥力，以花生为主或晚茬麦等。一般小麦产量为平种小麦的 60%~70%，花生产量接近春花生。

②小沟麦套种

小麦秋播前起高约 7~10 cm 的小垄，垄底宽 30~40 cm，垄面种 1 行花生；沟底宽 5~10 cm，用宽幅耧播种 1 行小麦，小麦幅宽 5~10 cm。麦收前 20~25 d 垄顶播种花生（图 8-4）。

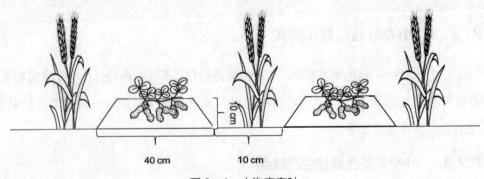

图 8-4　小沟麦套种

（2）田间管理措施

①早中耕锄草灭茬

中耕疏松表土，保墒散墒。调节土壤中水、气、热状况，促进根系发育、根瘤形成及幼苗健壮生长，有利于开花下针。锄草灭茬可减少土壤中水分、养分的消耗，减轻病虫为害。中耕要保证质量。人们常说"一遍刮（浅锄灭草），二遍挖（深锄松土），三遍四遍如绣花（细心轻锄）"。每次中耕土面要松细均匀，在花生棵周围松土并把杂草锄净。中耕后如遇雨，应待天气转晴后再中耕 1 次。

②早施提苗肥

小麦收获后，要结合中耕灭茬、浇水，及早追施提苗肥，起到苗肥花用的作用，为花生中后期生长发育奠定良好基础。追肥量以亩施筛细的有机肥 1 000~1 500 kg，尿素 5~7.5 kg，过磷酸钙 15~20 kg 为宜。若基础肥力不足，应在始花前结合浇水，每公顷追施优质有机肥 15 000~30 000 kg、尿素 300 kg、过磷酸钙 450~750 kg。追肥过晚，将起不到提苗的作用，且易引起花生徒长。

③早浇壮苗水

麦套花生根系发育比春花生弱，不耐旱。小麦收获后，天气干旱，具备灌溉条件的可结合中耕施肥，及时浇水防旱，促进幼苗健壮生长。浇水方式以小水润浇或沟浇为宜，浇水时间以初花期前为宜。

④早防病虫害

麦套花生病虫害主要是蚜虫、红蜘蛛、蓟马、蛴螬、棉铃虫、叶斑病等。干旱时有利于蚜虫、红蜘蛛及蓟马发生，因此要深入田间调查，准确掌握虫情。当虫株率达到 20~30%、百穴虫量达 1 000 头时，这是防治有利时机，可用 40% 氧乐果乳油 1 000 倍液喷雾，每亩用药液 40~50 g。对于蛴螬危害严重的地块，在 7 月中下旬至 8 月上旬用 40% 辛硫磷 500 g 兑水 750~1 000 kg 灌墩。高温阴雨有利于棉铃虫和叶斑病发生，棉铃虫可用 40% 辛硫磷 1 000 倍液茎叶喷雾。叶斑病可用 50% 多菌灵可湿性粉剂 1 000 倍液，从 8 月上旬起每 2 周 1 次，连喷 2~3 次。

8.2.4 花生与玉米间作模式

花生与玉米间作是充分利用边际效应和光照获得高产的技术措施，是一种较好的粮油间种方式，一般以花生为主作物。玉米与花生合理间套，由于通风透光好，因此能够充分利用光能和 CO_2；在土质疏松、肥力中等的土壤，花生与玉米间作有明显的增产效果。笔者将以山东东营和滨州为主的黄河三角洲滨海盐碱地花生与玉米间作模式总结如下。

8.2.4.1 花生与玉米间作种植方式

（1）品种选择

花生选用生育期中晚熟、株型紧凑、结荚集中、抗旱性较强、较抗叶斑病的优良品种。

（2）定植密度

传统的间作以花生为主，多采用2行玉米间10行花生，即2∶10的栽种规格，花生亩播量为15~20 kg；玉米选用优良杂交种，亩播种量为1 kg。花生每亩点播6 500~10 000穴，每穴放种1~2粒。玉米按隔400 cm套种2行玉米的模式种植。株距20~30 cm，行距30 cm。每亩种植1 000~1 500株。土地较贫瘠则减少玉米的行比，每亩花生基本苗数不减少，玉米每亩种植800~1 000株。在不影响花生产量的同时，每亩能增收100 kg以上的玉米。

该项技术在粮食产区具有独特的技术优势，能够大幅度增加单位面积作物产量，显著增加粮油综合种植效益。因此，山东省粮食产区要大力发展花生玉米宽幅间作，促进粮油均衡增产、农民增收。高产田可选择幅宽2.45 m的玉米∥花生2∶4模式（图8-5），中产田宜选择幅宽3.15 m的玉米∥花生3∶4模式。

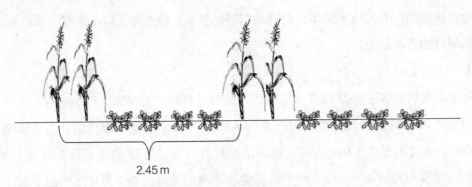

2.45 m

图8-5 花生与玉米间作模式

（3）平衡施肥

根据花生生产水平、土壤主要养分等因素确定施肥量，每生产50 kg荚果需要吸收氮3 kg、磷0.5 kg、钾1.5 kg，其中一部分氮素来自根瘤菌。底肥应以有机肥为主，化肥为辅，氮磷钾配合施用。

8.2.4.2 花生与玉米间作栽培技术

（1）足墒播种，确保正常出苗对水分的需求。适墒土壤水分为最大持水量的70%左右。适期内，要抢墒播种。如果墒情不足，播后要及时滴水造墒，确保适宜的土壤墒情。

（2）适期播种，确保生长发育和季节进程同步。春花生在墒情有保障的地方要适期晚播，避免倒春寒影响花生出苗和饱果期遇雨季而导致烂果。夏直播花生在前茬作物收获后，要抢时早播，越早越好，力争 6 月 15 日前播完，最迟不能晚于 6 月 20 日。

（3）合理密植，打好高（丰）产群体基础。在一定区域内，提倡标准化作业，耕作模式、种植规格、机具作业幅宽、作业机具的配置等应尽量规范一致。在高产地块，要采用单粒精播方式，适当降低密度。在中低产地块，要采用双粒精播方式，适当增加密度。

（4）浅播覆土，培育壮苗。浅播覆土，引升子叶节出膜，促进侧枝早发健壮生长，是培育壮苗的关键环节，也是减少基本苗的基础。播种深度要控制在 2~3 cm，播后覆膜镇压，播种行上方膜上覆土 4~5 cm，确保下胚轴长度适宜，子叶节出土（膜）。

（5）适时收获。从多年实践经验来看，鲜花生收获一般在约六成熟时（7 月上中旬），可及时采挖上市，这样才能获得最大经济效益。干花生应在九成熟时收获。

8.3　滨海盐碱地新型复合高效种植模式

笔者将以山东东营和滨州为主的黄河三角洲滨海盐碱地新型复合高效种植模式总结如下。

8.3.1　玉米与西瓜间作模式

玉米与西瓜间作是解决粮食作物与经济作物间矛盾的有效措施。这种模式下作物群体的光照、通风等生态因子，以及作物的光合、蒸腾等生理特性都好于常规种植。从作物株高、叶片数、叶面积、群体的光合、蒸腾以及产量效益来看，能达到最佳效果。现将玉米与西瓜间作模式介绍如下。

8.3.1.1　玉米栽培技术

（1）播栽期

玉米在 6 月上旬直播。

（2）播栽规格

厢宽 1.6 m，厢两边各 0.5 m，播 4 行，株距 0.33 m，中间 0.6 m 预留瓜行。直播每穴播 2 粒籽。播种深度 2~2.5 cm。每亩播 3 000 穴（图 8-6）。

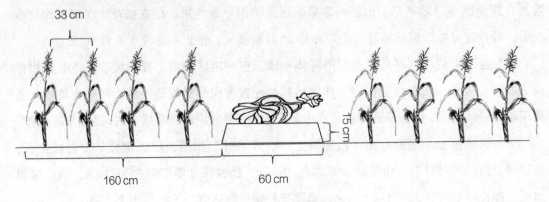

图8-6　玉米与西瓜间作

（3）田间管理

①施肥

每亩施棉饼50 kg（或土杂肥1 000 kg）、磷肥35 kg、钾肥15 kg（或含硫三元复合肥50 kg）作底肥。幼苗期结合浇水亩追施尿素7.5 kg。苗期结合抗旱施尿素10 kg。大喇叭口期亩深施尿素15 kg，施后不下雨要及时浇水。

②抗旱排渍

玉米生长处于雨水较多时期，要清好"三沟"，做到明水能排、暗水能滤。干旱要及时浇水抗旱。

③病虫害防治

主要防治玉米螟虫。方法：在大喇叭口期（抽雄前一星期）采用毒土的办法，每亩用含毒死蜱杀虫剂150 g兑细沙土30 kg拌匀，在玉米开喇叭口处放入。

8.3.1.2　西瓜栽培技术

（1）套播时间

在玉米开喇叭口期（采收前一个多月）播种。

（2）播种规格

垄高15 cm，株距约0.33 m，每穴播2粒籽，亩穴播500株。用地膜覆盖。

（3）田间管理

①施肥

每亩施棉饼肥50 kg（或土杂肥1 000 kg），磷肥35 kg，硫酸钾肥12.5 kg（或含硫酸钾三元复合肥50 kg）作底肥。幼苗期亩追尿素7.5 kg，伸蔓期亩追尿素7.5~10 kg，膨瓜期亩深施含硫三元复合肥20~25 kg。

②抗旱排渍

西瓜需要充足的水分，干旱期间要及时浇水。雨水多时，要及时清沟排渍，降低田间湿度，减轻病害的发生。

③整蔓

整蔓通常分为单蔓整枝、双蔓整枝、三蔓整枝。单蔓整枝：当主蔓长至 30~40 cm 时，把主蔓顶尖剪掉，在主蔓上留 1 根健壮子蔓，剪掉其他子蔓，适合于肥力充足、生育期较长的品种。双蔓整枝：在主蔓上留 2 根健壮子蔓，剪掉其他子蔓，适合于肥力一般的中熟品种。三蔓整枝：在主蔓上留 3 根健壮子蔓，剪掉其他子蔓，适合肥力较差的早熟品种。

④压蔓

压蔓的原则是"前轻后重"，坐瓜前要轻压，坐瓜后要重压，调整营养物质输送方向。

⑤拧蔓压尖

目的是防止西瓜陡长，在坐瓜后 4~5 叶用手拧蔓，然后压蔓尖。

⑥坐瓜

第 1 朵雌花一般不留坐果，坐果选在第二雌花或第三雌花为好。

⑦病虫害防治

虫害主要有蚜虫、小地老虎、黄守瓜等。蚜虫和小地老虎主要在苗期为害，黄守瓜主要在中、后期为害。防治方法：亩用含毒死蜱类杀虫剂 100 g 兑水 50 kg 喷雾。病害主要有白粉病、枯萎病、蔓枯病、炭疽病、疫病等，西瓜病害主要以预防为主。出苗后，亩用百菌清或甲基托布津或代森锰锌等杀菌剂 150 g 兑水 50 kg 喷雾，间隔 7 d 喷 1 次。

8.3.1.3　玉米与其他农作物的间套作

（1）玉米与大豆间作

玉米与大豆间作多在春季进行，大豆、玉米的种植比例以 2 行大豆间作 2 行玉米较适宜（图 8-7），瘦地可采用 6 行大豆间作 1 行玉米。

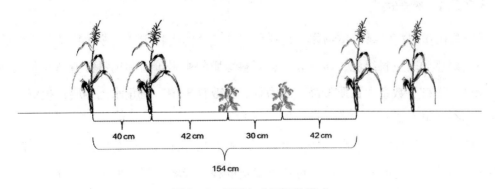

图 8-7　玉米与大豆间作模式

（2）玉米与甘薯的间作

玉米间作甘薯在春、秋、冬季都可进行，一般以甘薯为主作物。甘薯亩植株数基本保持单作水平，玉米每亩种植不超过 1 000 株，玉米对甘薯的产量影响不大，冬种时还具有防寒保温的作用。间作的具体方式：3~4 畦甘薯间种 1~2 行玉米，玉米在畦底或畦腰 1/3 处种植（图 8-8）。

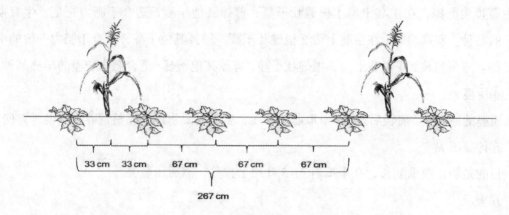

图 8-8　玉米与薯类间作模式

8.3.2　绿肥间套作模式

滨海盐碱地主要绿肥品种是苜蓿。苜蓿可在春、夏、秋 3 季播种，一般播种量为 15~22.5 kg/hm²。以滨海盐碱地为例，连年利用苜蓿作绿肥，耕地脱盐作用效果明显，表现在加强土壤的生物及生物化学脱盐过程。

发展绿肥种植与利用，不仅可以持续改善土壤质量、培肥地力，而且可以提高作物产量和品质，减少化肥和农药投入，节能减排效果十分显著，可以实现农业增效和农民增收。各地应根据当地的自然、社会经济和生产条件，选择区域适宜的绿肥种植利用方式，推动现代农业发展。

8.3.2.1　绿肥简介

绿肥是用作肥料的绿色植物体，是一种养分完全的生物肥料。按植物学科可将绿肥分为豆科绿肥和非豆科绿肥，研究表明，豆科绿肥的肥料价值和饲料价值高于非豆科绿肥。绿肥来源广、数量大、质量高、肥力好，可改良土壤，防止水土冲刷，投资少，成本低，综合利用效益大。

常见绿肥品种具有产量高、易于腐烂、培肥力强等优点，深受广大农户的青睐。有些绿肥（如苜蓿、光叶紫花苕等）可通过发达的根系吸收深层土壤中的养分，丰富土壤耕层的养分。绿肥的根瘤菌可以固氮、培肥土壤，在可持续农业发展中起着重要作用。

8.3.2.2　绿肥种植模式

（1）肥饲兼用改良土壤模式

该模式以豆科绿肥为主，通过绿肥作物固氮、枝叶还田、畜禽粪便还田等途径，实现耕地有机质含量增加和质量持续提升。研究表明：该模式主要在中低产田实施，绿肥品种以紫花苜蓿为主，0~30 cm土层有机质含量提高6.1%~9.3%，全氮含量增加10%左右；土壤的有效团粒显著增加，土质明显改善，土壤肥力显著提高。种植苜蓿不仅可以肥田，而且其茎叶又是营养价值很高的饲料。因此，插种绿肥饲草可以提高饲草的产量和品质，有利于发展畜牧业。给奶牛饲喂紫花苜蓿可以显著提高产奶量，延长产奶期，显著提高鲜奶品质。配合饲料中加入紫花苜蓿可以提高蛋鸡的产蛋率和单蛋质量。合理种植利用绿肥饲草，实行根茬和畜粪还田这种新的物质循环体系，是今后许多地区实行农牧结合的主要模式。

（2）作物-绿肥间套作模式

作物-绿肥间套作模式包括玉米-苜蓿、豆类作物间套作模式，棉花-苜蓿、豆类作物间套作模式，小麦-花生套作模式。间套作形式有原垄间套作绿肥、宽垄间套作绿肥、大小行大行间套作绿肥、带状间套作绿肥。在缺肥地薄的条件下，实行粮肥间套作，当季既能收到一定产量的粮食，又生产大量含氮丰富的绿肥青体，培养地力，给下茬增产创造了条件。研究表明，粮肥间套作茬的小麦较平作玉米茬小麦增产33%~55%。

作物-绿肥间套作是豆科绿肥参与土壤中氮素的生物积累，改善单作条件下土壤中的氮素平衡，统一用地与养地的矛盾，在施肥不足的情况下单作粮食，土壤中的氮素吸收多、补充少，向消耗的方向发展，导致地力逐年下降；作物-绿肥间套作时豆科绿肥的氮素累积量接近作物吸收消耗量，加上施肥补充，土壤中氮素向积累的方向发展，地力能够均衡，从而增产。研究表明，玉米间套作苜蓿，土地总干物质产出量为11 319 kg/hm^2，比单种玉米增加4 855.5 kg/hm^2，粗蛋白产量增加1.8倍，总热能提高49.5%。

（3）作物-绿肥轮作模式

作物-绿肥轮作模式可以提高土地的生产力，改良土壤；翻压绿肥并利用作物根茬可以改善土壤养分供应状况，使下茬作物产量明显增加。有学者利用紫花苜蓿和玉米实行轮作，翻压绿肥，玉米产量比连作的增加2 520 kg/hm^2。

研究表明：翻压绿肥或利用根茬可以增加土壤有机质和有效氮素含量，对于改善土壤腐殖质的品质及酶活性也有良好的作用；土壤有机质一般可提高0.1%~0.2%，速效氮平均提高10 mg/kg，腐殖质中胡敏酸和富里酸的比例由1:1提高到1:3。土壤结构改善及有机质提高可以使土壤的保肥和供肥能力明显提高。

（4）果园绿肥模式

果园绿肥模式主要有全园绿肥和果树行间绿肥，绿肥品种主要为白三叶、红三叶、苜蓿等。果园种植绿肥，无论是直接压青还是利用根茬，不仅促进树体的生长发育，而且提高果品的产量和品质。

研究表明，与清耕区相比，绿肥覆盖区苹果和桃的产量分别提高 5 475 kg/hm^2 和 3 285 kg/hm^2，苹果果实中可溶性糖增加 0.52%，苹果果实维生素含量增加 0.155 mg/kg。研究表明，果园种植绿肥后压青区和覆盖区 0~20 cm 土层土壤容重比清耕区分别下降 0.08~0.12 g/cm^3 和 0.05~0.15 g/cm^3，土壤孔隙度分别增加 3.52% 和 4.33%，有机质含量分别增加 0.272% 和 0.136%。

果园绿肥模式能够调节温度和土壤水分。绿肥具有覆盖作用，高温季节，绿肥可减少强烈阳光的直接照射，使果品免遭灼伤；冬季，绿肥覆盖可以降低土壤表面热能的丧失，从而提高地温。研究表明：绿肥覆盖可使雨季果园地表径流减少 32.5%，雨水渗透深度增加 3~15 cm，土壤可接纳、蓄含更多的水分，使绿肥区土壤含水量较清耕区有所增加；果园中种植绿肥能有效抑制杂草的生长，抑制率达 57%~91%。

8.3.3 作物与中药材间套作模式

黄河三角洲滨海盐碱地有多年的中药材种植历史，种植的中药材主要有丹参、板蓝根、薄荷、金银花、黄芪、桔梗等，上述药材具有一定的耐盐能力。该地区中药材种植多年来一直存在着产量低、质量次、成本高、效益差等问题，导致中药材生产企业生存艰难，甚至被迫转行。实地调查结果表明，该地区中药材种植发展困难的原因主要是春旱夏涝、土壤瘠薄、盐碱横行和杂草丛生。春旱造成盐碱地土壤板结、药材拿苗难，杂草丛生会与药材争夺肥料、阳光，造成丰产难，盐碱化和土壤瘠薄也进一步造成药材产量低。

作物与中药材间套作是科学种田的一种体现，能有效解决粮、药间的争地矛盾，充分利用土地、光能、空气、水肥、热量等自然资源，发挥边际效应和植物间的互利作用，以达到粮、药双丰收的目的。目前黄河三角洲耐盐能力强的中药材有菊花、益母草、板蓝根、黄芪、红花、决明子、薏苡仁、天南星、枸杞子、皂角、沙枣、木香、黄芩等。

8.3.3.1 高秆与矮秆间套模式

高秆的农作物与矮生的药材合理搭配，可以利用立体复合群体，发挥垂直分布空间，增加复种指数，遵循前熟为后熟、后熟为全年的原则，提高光能与土地的利用率，从而大幅度提高经济效益。在滨海盐碱地采用高台低畦模式、生态作物群落搭建、播前覆盖黑色地膜、田间管理的方法，可以显著提高作物和中药材的产量，降低土壤含盐量并提高土壤有机质含量。

（1）高台低畦模式

在滨海盐碱地上制作如图 8-9 所示的梯形台，其中梯形台顶部的平面（梯形上底）简称高台，高台宽度为 1.2~1.5 m；相邻梯形台之间的底部畦面简称为低畦，低畦宽度为 2.0~2.3 m；高台与低畦的高度差为 25~40 cm。

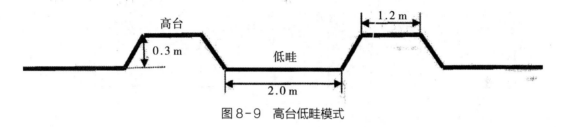

图 8-9　高台低畦模式

（2）生态作物群落搭建

高台上种植中药材，为植株矮、耐盐性和耐阴性好的中药材，如木香、射干、板蓝根、桔梗、白术、丹参、柴胡、半夏等；低畦上种植株高大、耐涝性好、能提供荫蔽环境的农作物，适合此模式套种的农作物有玉米、高粱、棉花、薏米等。

（3）播前覆盖黑地膜

高台上覆盖可降解的不透水黑地膜，再进行中药材播种（移栽），通过黑地膜避光、保墒、保水，起到抑制杂草生长、抗盐碱的目的；待夏季雨季时，黑地膜开始降解腐烂，透气、透水性可逐步被雨水冲刷掉，此时中药材植株已经长大封垄，可以抑制杂草生长。

（4）田间管理

整个种植过程中一般无须施农药、追肥、灌溉、除草即可实现丰产，待中药材符合采收标准时即可采收。采用全程机械化作业技术，例如：采用深松施肥筑台/平畦一体机进行一体化整地施肥；采用播种（移栽）覆膜一体机进行一体化播种（移栽）覆膜，保墒保苗、防盐防草；采用净制包装一体机进行药材的收获。

板蓝根-玉米是一年两收种植模式，早春在耕细耙匀的土地上做成宽为 1.2~1.5 m 的高台，4 月在高台上播种板蓝根，5~6 月于低畦内按株距 60 cm 点播玉米，每株留苗 2 棵，常规管理；9~10 月，玉米收获后，板蓝根可苗壮生长。

8.3.3.2 深根系与浅根系间套模式

根据植物品种的特性和营养，合理组合成能多层次利用土地、光能、空气、热量等资源的群体，加大垂直利用层的厚度，达到增产增效的目的，如在西瓜地里套种草决明、白术等。西瓜根系浅，不能吸收利用土层较深的营养，但需水、肥量又大，必须人为增施水、肥等营养物质。套种的中药材（如草决明、白术等）吸收利用了表层多余的营养，可以减少养分流失，吸收土层较深的养分来满足生长的需要。适合此模式的作物有冬瓜、南瓜、红薯、马铃薯、大豆等，搭配种植的中药材有甘草、金银花、黄芪、桔梗、白术、红花、山药、薏苡仁、生姜等。深根系与浅根系间套模式如图 8-10 所示。

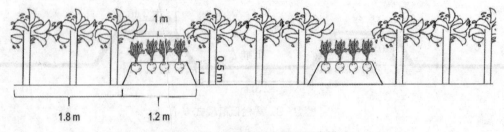

图 8-10 深根系与浅根系间套模式

8.3.3.3 农作物余零地边间套模式

一块田地可耕面积约占 70%，而田间地头、沟渠路坝约占 30%，山区、丘陵所占比例更大。利用这些闲置余地种植一些适应性强、对土壤要求不严的中药材品种，可有效地利用土地，增加效益，减少水分和养分的蒸发，控制杂草生长给农作物带来的病虫危害。例如，耐涝、耐旱和对气候、土壤要求不严的中药材金银花，在地边、路沿、渠旁按株距约 80 cm 挖穴，每穴内沿四周栽花苗 6 棵，每亩地的余零地边约可栽 60 穴，每穴年单产商品花 0.5 kg，市场价格每千克 30 元，每穴年效益 15 元。适宜余零地边种植的药材品种还有甘草、草决明、急性子、黄芪、红花等。

8.4 典型案例

8.4.1 板蓝根间作高粱高效生态栽培技术

8.4.1.1 种植技术

（1）整地施肥

种植板蓝根和高粱的地块应在春季 4 月初整地施肥。选地势平坦、排水良好、疏松肥沃的砂质壤土与秋季深翻土壤 40 cm 以上，结合深翻整地合理施肥，每亩可以施菌渣 4~6 t，翻入土中作基肥，然后整平耙细。

（2）板蓝根-高粱播种

板蓝根在北方适宜春播，并且应适时迟播，最适宜的时间是 4 月 20~30 日，亦可夏播，在 5 月下旬至 6 月上旬。多以条播为好，在高台上开行距为 20~25 cm、深为 2 cm 左右的浅沟，将种子均匀的撒在沟中，覆土 1 cm 左右，略微镇压。适当浇水保湿，温度适宜，5~6 d 即可出苗。一般每亩用种量为 2~2.5 kg。

杂交高粱播种过早易烂种，因此提倡 5 月初播种即可。播种过深易缺苗断条，因此浅种是高粱能否保全苗的关键。播种深度以 5 cm 为宜，一般采取条播方式，在低畦进行播种，行距为 50 cm，株距为 30 cm。

（3）间作方式

板蓝根与高粱间作可以做成高台低畦模式：高台宽度为 1.2 m，相邻的底部畦面即低畦，低畦宽度为 1.8 m，整个重复的幅宽共 3 m；高台与低畦的高度差为 25~40 cm。可根据田间的实际情况确定间作方式。

（4）田间管理

板蓝根出苗后，当苗高 7~10 cm 时，进行间苗，去弱留强，缺苗补齐。当苗高 12 cm 时，按照株距 5~7 cm 定苗，留壮苗 1 株。齐苗后进行第 1 次中耕除草，以后每隔半个月除草 1 次，保持田间无杂草。封行后停止中耕除草。夏季播种后如遇干旱天气，则应及时浇水。当雨水过多时，应及时清沟排水，防止田间积水。

高粱多在五月底至六月中旬定苗，高肥力地块所种植的品种增产潜力大，每公顷保苗以 80 000~90 000 株为宜；低肥力地块所种植的品种增产潜力小，每公顷保苗以 100 000~120 000 株为宜。

（5）病虫害防治

①霜霉病

霜霉病是发病叶片在叶面边缘出现不甚明显的黄白色病斑，逐渐扩大，并受叶脉所限，变成多角形或不规则形。在相应的背面长有一层灰白色的霜霉状物，湿度大时，病情发展迅速，霜霉集中在叶背，有时叶面也有。后期病斑扩大变成褐色，叶色变黄，导致叶片干枯死亡。注意排水和通风透光；避免与十字花科等易感染霜霉病的作物连作或轮作；病害流行期用 1∶1∶100 的波尔多液或用 65% 代森锌 600 倍液喷雾。

②根腐病

被害植株地下部侧根或细根首先发病,再蔓延主根;有时,主根根尖感病再延至主根受害。被害根部呈黑褐色,随后根系维管束自下而上呈褐色病变。根的髓部发生湿腐,根部发病后,地上部分枝叶发生萎蔫,逐渐由外向内枯死。合理施肥,适施氮肥,增施磷、钾肥,提高植株抗病力。发病期喷洒50%托布津800~1 000倍液或用50%多菌灵1 000倍液淋穴。

③菜青虫

成虫为白色粉蝶,常产卵于叶片上,因幼虫全身青绿色,故称菜青虫,以幼虫取食,2龄以前的幼虫啃食叶肉,留下1层薄、透明的表皮;3龄以后将叶片咬穿,吃成缺刻孔洞,严重时将全叶吃光仅留叶柄使光合作用受阻,从而降低产量。清洁田园,处理田间残枝落叶及杂草,集中沤肥或烧毁,以杀死幼虫和蛹。冬季清除越冬蛹。用90%晶体敌百虫1 000~1 500倍液喷雾,或用50%敌敌畏乳剂1 000~1 500倍液喷雾。

8.4.1.2 采收与加工

板蓝根在11月间地上部枯萎后刨根。去净泥土,晒至七八成干,扎成小捆,再晒干透。以根长直、粗壮、坚实、粉性足者为佳。每亩产干货300~400 kg。

高粱10月中旬即可收获。当子粒变红、子粒含水量为14%~15%时收获,产量高,品质好。

8.4.2 丹皮/白芍间作玉米高效生产技术

丹皮/白芍间作玉米种植模式研究与示范为大垄宽畦栽培法,在2016年种植的普通玉米(品种为郑单958)实验示范中亩产达669.4 kg,2017年种植的青贮玉米(品种为青贮玉米金岭17)示范实验经专家组实打验收亩产鲜重达到3 619.2 kg,2018年玉米(鲁宁184)在自然灾害较重情况下又取得较高单产。药粮高效生态生产技术可实现稳粮增药、提质增效的目标,具有良好的推广应用前景。

8.4.2.1 种植模式

起垄种植。垄宽为90 cm,垄高为30 cm,垄间距为160 cm。垄上种植3行牡丹(白芍),牡丹株行距(20~25)cm×30 cm[白芍株行距(15~17)cm×30 cm],垄间种植3行玉米,株行距(20~25)cm×60 cm。

8.4.2.2　牡丹（白芍）种植技术

（1）选地整地

选择高燥向阳、土层深厚、排水良好的地块，土壤及地下水 pH 值为 6.5~8.5，含盐量在 0.2% 以下的地块；忌黏重、涝洼地。前茬作物收获后，土壤深翻 30 cm 以上，打破犁底层，耙平搂细，同时每亩施入 10~15 kg 辛硫磷颗粒剂、4~5 kg 土菌灵等土壤杀虫杀菌剂。

起垄。耙细整平后起垄，垄宽为 90 cm，垄高为 30 cm，垄间距为 160 cm。

（2）移栽定植

牡丹用二年生种苗栽植，选择生长健壮、长势强、无病虫侵染疤痕、无机械损伤的植株，剔除病苗、弱苗、老少苗。白芍用 1~2 年生种苗栽植，也可用芽头繁殖。用芽头繁殖，在收获时，选茎秆少而苗壮、叶肥大、根粗长且均匀、芽头肥而少的植株。刨出后，将根切下加工入药，再将根茎（俗称疙瘩头）下部切去，芽头下边带根茎 2~3 cm（不可留老根）分株，每株 2~3 个芽头，切好后即可栽培。

栽植时间以 9 月下旬至 10 月中旬为佳；因特殊原因不能适期种植，可延迟到封冻前，但必须加强后期管理。随栽植、随调运，确保准株龄、新鲜种苗进入基地，来不及栽植的要进行短期假植，严禁脱水苗、冷库储藏苗种植。栽植前用 50% 福美双 800 倍液或 50% 多菌灵 800~1 000 液加 5 000 倍阿维菌素浸泡 15~20 min，晾干后分别栽植。栽前要将过细过长的尾根剪去 2~3 cm。

牡丹按株行距（20~25）cm×30 cm 种植，用间距与株距等同的带柄 2~3 股专用叉插入地面，别开宽度为 8~15 cm、深度为 25~35 cm 的缝隙，在缝隙处放入 1 株牡丹苗，使根茎部低于地平面下 2 cm 左右，并使根系舒展，然后踩实，使根、土紧密结合。栽后从地平面处将牡丹平茬。

白芍按株行距（15~17）cm×30 cm 种植，挖深为 6~9 cm 的穴，每穴放 1 株，芽头向上，覆土盖平，稍加镇压。

（3）覆膜

种植后观察土壤墒情，若土壤过干，则需灌水，待土壤墒情合适时覆膜；若土壤墒情湿润，则可直接覆膜。选择宽为 120 cm 的黑色地膜，封严压实。

（4）田间管理

①破膜

2 月下旬开始，牡丹（白芍）陆续萌芽出土，此时应及时进行田间观察，发现出土的芽苗及时破膜放苗。

②浇水

若冬前种植后没浇水，遇春季干旱应及时浇灌，使牡丹（白芍）根系与土壤密实。

③中耕

中耕锄草，特别是夏秋季，防止草荒。

④灌溉排水

生长期如遇天旱，则适当浇水，雨后及时排水。忌水涝。

8.4.2.3　玉米种植

（1）种植时间

4月中下旬，不宜延迟。若种植过晚，一是对牡丹起不到应有的遮阴效果；二是玉米易感粗缩病，影响玉米产量。

（2）种植品种

一是商品粮玉米，如郑单 958；二是青贮玉米，如金岭青贮 17。

（3）种植密度

株行距为 25 cm × 60 cm。

（4）田间管理

同大田。

参考文献

［1］ 李凤瑞，史加亮，张东楼，等.山东省不同茬后直播短季棉效果与轻简化栽培技术 ［J］.棉花科学，2019，41（5）：25-27.

［2］ 赵秉强，余松烈，李凤超.间套带状小麦高产原理与技术［M］.北京：中国农业科学 技术出版社，2004.

［3］ 崔立华，牛娜，纪莲莲，等.黄河三角洲地区短季棉无膜栽培的种植表现和效益分 析［J］.棉花科学，2020，42（2）：38-41.

［4］ 王海洋，黄涛，宋莎莎.黄河三角洲滨海盐碱地绿化植物资源普查及选择研究［J］. 山东林业科技，2007（1）：12-15.

［5］ 谢小丁.盐生植物在黄河三角洲滨海盐碱地绿化中的应用模式研究［D］.泰安：山东 农业大学，2006.

［6］ 毛树春，董金和.优质棉花新品种及其栽培技术［M］.北京：中国农业出版社，2002.

［7］ 王秀萍，张国新，鲁雪林，等.冀东滨海盐碱地区水改旱棉花栽培技术［J］.安徽农 业科学，2007，35（19）：5726-5727，5730.

［8］ 王国平，毛树春，韩迎春，等.中国麦棉两熟种植制度的研究［J］.中国农学通报， 2012，28（6）：14-18.

［9］ 苗兴武.山东东营棉花机械化采收的制约因素及其对策［J］.中国棉花，2018，45 （5）：41-42.

［10］汪波，宋丽君，王宗凯，等.我国饲料油菜种植及应用技术研究进展［J］.中国油料 作物学报，2018，40（5）：695-701.

［11］杨劲松.中国盐渍土研究的发展历程与展望［J］.土壤学报，2008，45（5）：837-845.

［12］高砚亮，孙占祥，白伟，等.玉米花生间作效应研究进展［J］.辽宁农业科学，2016 （1）：41-46.

［13］南镇武，孟维伟，徐杰，等.盐碱地玉米‖花生间作对群体覆盖和产量的影响［J］. 山东农业科学，2018，50（12）：26-29，34.

［14］慈敦伟，杨吉顺，丁红，等.盐碱地花生‖棉花间作系统群体配置对产量和效益的 影响［J］.花生学报，2017，46（4）：22-25.

［15］原小燕，李根泽，林安松，等.间作模式及氮、磷肥对玉米-花生间作体系产量和 经济效益的影响［J］.花生学报，2015，44（4）：13-20.

［16］焦念元，赵春，宁堂原，等.玉米-花生间作对作物产量和光合作用光响应的影响

[J].应用生态学,2008,19(5):981-985.

[17] 王守龙.李园套种白三叶草试验初报[J].河北果树,2006(2):10,13.

[18] 董红云,朱振林,李新华,等.山东省盐碱地分布、改良利用现状与治理成效潜力分析[J].山东农业科学,2017,49(5):134-139.

[19] 张雪悦,左师宇,田礼欣,等.不同密度下越冬型黑麦产量形成的光合特性差异[J].草业学报,2019,28(3):131-141.

[20] 杨振彪,刘忠宽,智健飞,等.河北省绿肥发展战略及技术模式选择[J].河北农业科学,2010,14(9):17-19,59.

[21] 王亿鸣.中药材与农作物间套模式[J].农家顾问,2012(8):39-40.

第9章
滨海盐碱地林下种植技术

9.1 林下经济

　　林下经济是以林地资源和森林生态环境为依托，发展的林下种植业、养殖业、采集业和森林旅游业。林下经济包括林下产业、林中产业、林上产业。林下经济是充分利用林下土地资源和林荫优势从事林下种植、养殖等立体复合生产经营，从而使农林牧畜业实现资源共享、优势互补、循环相生、协调发展的生态农业模式。有学者认为开展林下经济要以涵盖市场经济学原理、生态位面原理、生态容量原理的生态经济学理论为理论基础，辅之以系统工程学理论、生态经济平衡学理论和生态学。林下经济是社会效益、经济效益、生态效益三大效益的综合体现，三大效益的有机结合对改善生态环境、保护林业资源、维护林业可持续发展等方面具有积极的、不可替代的作用。绿色且可持续的循环经济体系是以改善和保护生态环境为第一要素的，可以使林业产业资源和环境生态效益之间实现互利共赢。

　　2012年8月2日，《国务院办公厅关于加快林下经济发展的意见》发布，从发展林下经济的总体要求、主要任务、政策措施进行阐述，这为我国林下经济的发展指明了方向。《关于科学利用林地资源促进木本粮油和林下经济高质量发展的意见》指出发展木本粮油和林下经济产业是丰富农产品供给结构、助力国家粮油安全、促进林区山区群众稳定增收、实现资源永续利用的重要举措。发展林下经济可以提高林地综合效益，增加农民收入，优化农业结构，调动农民植树造林的积极性，催生一批龙头企业，改善生活环境，提高农民素质，在促成农村经济的发展中起到积极作用。

9.2 滨海盐碱地林下种植模式

　　林地内单一的种植和培育林木并不能满足人们对林地资源的最大化利用。林下种植模式生产的产品绿色、无公害,符合现代人的消费要求,保证"舌尖上的安全",市场前景广阔。近年来,各地林业的快速发展带来丰富的林地资源。为了让广阔的林地产生经济效益并弥补林地前期见效慢、效益低的问题,应该大力发展林下种植模式。林下种植模式较丰富,包括林粮、林菜、林药、林草、林菌等,随着市民生活水平逐步提高,人们对绿色、无公害的土特产品需求量也会越来越大。

对于黄河三角洲来说,盐碱是制约土地利用率提升的关键因素。多年来,为解决这一问题,政府相关部门、科研院所、企业做了多种尝试,其中,种植耐盐碱树种是改良利用滨海盐碱地的有效途径。种植耐盐碱树种改良了盐碱地,实现了生态效益,但与此同时,也面临产值低、林下效益慢等情况,因此需要发展滨海盐碱地林下经济,实现高质量发展。笔者将以山东东营和滨州为主的黄河三角洲滨海盐碱地林下种植模式总结如下。

9.2.1 滨海盐碱地林下常见模式

9.2.1.1 林禽模式

林禽模式(图9-1)是在速生林下种植牧草或保留自然生长的杂草,在周边地区围栏,养殖柴鸡、鹅等家禽。树木为家禽遮阴,是家禽的天然"氧吧";通风降温,便于防疫,有利于家禽的生长;放牧的家禽吃草、吃虫,不啃树皮,粪便肥施入林地,与林木形成良性生物循环链。在林地建立禽舍省时、省料、省遮阳网,投资少;远离村庄,没有污染,环境好;禽粪给树施肥营养多;林地生产的禽产品市场好、价格高,属于绿色无公害禽产品。

禽类动物具有杂食性的特征,它们不仅吃草根、草籽,还食用昆虫等,所以林下环境中的哺乳科小动物、昆虫正好为禽类动物提供了食物。林下环境具有林间杂草丛且活动范围大,在林下放养或圈养各种禽类动物(如鸡、鸭、鹅等)与林木的树龄、生长年限没有直接必然的关系,对林木资源也不会有必然的依赖,所以林禽模式在一些乡镇非常受欢迎。

(a)

（b）

图 9-1 林禽模式

9.2.1.2 林畜模式

林畜模式（图 9-2）有 2 种：①林间种植牧草可发展奶牛、肉用羊、肉兔等养殖业，速生杨树的叶子、种植的牧草及树下可食用的杂草都可用来饲喂牛、羊、兔等；林地养殖解决了农区养羊、养牛的无运动场的矛盾，有利于家畜的生长、繁育，为畜群提供了优越的生活环境，有利于防疫。②舍饲饲养家畜，如林地养殖肉猪，由于林地有树冠遮荫，夏季温度比外界气温平均低 2~3 ℃，比普通封闭畜舍平均低 4~8 ℃，更适宜家畜生长。

牲畜在饮食方面比较多样化，它们不仅吃草根、草籽，而且还食用昆虫等，所以林下环境中的昆虫正好为牲畜提供了食物。林下环境具有林间杂草丛且活动范围大，在林下放养牲畜与林木的树龄、生长年限没有直接必然的关系，对林木资源也不会有必然的依赖，所以林畜模式在一些乡镇同样非常受欢迎。

（a）

（b）

图 9-2　林畜模式

9.2.1.3　林菜模式

林菜模式即林木与蔬菜间作种植，经济效益较高。在林木生长初期可发展林菜模式，即利用林间光照及各种蔬菜的不同需光特性科学地选择种植种类、品种，或根据林间光照和蔬菜需光的生长季节差异选择种类；第 2 年和第 3 年也可在行间种植一些常规露地上可以生长的蔬菜，但不要种植生长期较长且后期需水量大的蔬菜。不宜在成林中种植大蒜和油菜，成林中透光条件不是很好，会影响生长。

林下可种植菠菜、辣椒、甘蓝、洋葱、大蒜、黄花菜、蒲公英、蕨菜、马齿苋、荠菜、黄秋葵、山芹菜、荆芥、紫苏等，一般亩年收入可达 700~1 200 元。林间套种反季节蔬菜，造林株行距一般为 4 m×10 m 或 5 m×10 m，每个树行间套种 1 个蔬菜大棚，每个大棚占地约 0.4 亩，每亩林地可建 2 个大棚，种植一季秋延后和春提早蔬菜，再种一季小香瓜等，一般情况下，每亩林地间作作物纯收入可达 2 800 元左右。

9.2.1.4　林草模式

林草模式的特点是在退耕还林的速生林下种植牧草或保留自然生长的杂草，树木的生长对牧草的影响不大，饲草收割后，饲喂畜禽。树木定植后 1~3 年，可种植一些紫花苜蓿、黑麦草、野谷草等高秆牧草。树木行间郁闭后，还可以利用野草养鸡、养鹅，既减少人工割草，又养肥了鸡、鹅。养殖可以与种草相结合，在林地周边区域围栏，养殖鸡、鸭等家禽，树木为家禽遮阴，家禽吃草、吃虫，粪便肥地，与林木形成良性生物循环链。一般说来，每亩林地能够收获牧草 600 kg，可得 300 元左右的经济收入。适合林草模式种植的林草品种：苜蓿草、黑麦草、红三叶草、白三叶草、鸭茅、无芒雀麦、狼尾草、鲁梅克斯等。

9.2.1.5　林草牧模式

林草牧模式（图 9-3）是利用林下空间种草养畜放牧，如林-牧草-鹅（牛、羊、兔、猪）模式，林下套种多花黑麦草、紫花苜蓿等，选择合适的放养品种，可获取较高的经济效益。例如，林（5 m×8 m）间作 5 年，林内放养鸡、鹅等家禽，每年每亩可养 50 只，极受市场欢迎，收入远远大于种粮收入，经济效益较高。幼龄林内禁止放羊，以免树皮被啃并造成对林木的伤害，得不偿失。

林草立体种植模式可以达到地上光能高效利用、地下土壤养分充分吸收的目的。幼林期种植牧草，可以避免土地浪费，防止水土流失，收获牧草。在林地、果园行间种草养鸡，可以给鸡不断提供饲草饲料。鸡粪又为树木提供有机肥，减少虫害，一举两得，省工省料，对鸡和树木的生长都有利，养出来的鸡肉质更好。牧草以多年生为好，避免每年播种，同时要求分枝分蘖多、再生性强、适应性强、适口性好。

（a）

（b）

图 9-3　林草牧模式

9.2.1.6　林粮模式

林粮模式（图 9-4）是传统的林下间种，在林下合理间作豆类、油菜、麦子、棉花等。

在经济林造林初期，1~3年树龄的速生林树木小、遮光少，对农作物的影响小，以密度为3 m×4 m的行间进行林粮间作。棉花、甘薯、小麦、绿豆、花生、大豆等属浅根作物，既不与林木争肥、争水，又能覆盖地表，防止水土流失，提高土壤肥力。林粮间作期于第4年后树木郁闭，就不能进行间作，林下套种小麦、油菜、黄豆、花生等。在幼林生长的前2年套种作物产量不受影响，3~4年产量稍有下降。当林内光照不足时，秋季间种一季油菜、或种耐阴的牧草用于养鸡、鹅等。

在林间也可进行甘薯、大豆的倒茬种植，第1年和第3年种大豆，隔年种一茬甘薯倒茬，或在林下种植大豆、花生等油料作物。油料作物属于浅根作物，不与林木争肥、争水，覆盖地表可防止水土流失，改良土壤；秸秆还田可增加土壤有机质含量。在新造的林地里间作黄豆等矮秆经济作物，既充分利用了林间空地，又增加了经济收入，每亩可收黄豆150 kg，增加经济收入500多元。该种植模式可以为林地增绿肥，提高土地利用率，还有助于达到以耕代抚的目的。林粮模式技术简单，当年就有效益，容易被种植户接受。林粮间作严禁种植玉米等高秆作物。有条件的地方也可根据市场需求和加工能力，套种草莓、生姜及其他耐阴经济作物，以增加收入。

（a）

（b）

图9-4 林粮模式

9.2.2 滨海盐碱地林下新型模式

9.2.2.1 林药模式

药用植物大多来自森林等野生环境，林药模式（图9-5）将药用植物的大田栽培和野生采集的优势有机结合起来，把适宜在林下生长、具有一定耐阴性的药用植物引种到林下进行半野生化栽培。林药模式可以充分利用林地资源，能持续不断地供应药材。以山东东营和滨州为主的黄河三角洲滨海盐碱地林地资源丰富、气候适宜，林药模式已受到越来越多的关注，下面将介绍适合山东省开展林药模式的药用植物。适宜林药模式的中药材品种很多，如金银花、白芍、板蓝根、枸杞、百合、细辛、大黄、甘草、半夏、天南星、柴胡、元胡、黄姜、薄荷、白术、黄芪、桔梗、党参、芍药、金钱草、丹参、何首乌、菊花等，可以对这些药材实行半野化栽培，管理起来较简单。

（a）

（b）

图9-5 林药模式

树木定植后3年间，在行距2 m以上的林间套作板蓝根、平贝、串地龙等中药材。树木长到3~5年后，树体比较高大，可在林间空地上间作较耐阴的白术、薄荷、金银花等。林药模式中，林木可为药材提供庇荫条件，减少夏季烈日高温导致的伤害；林木可为贝母、白术等偏阴性植物提供阴湿的适宜生长环境。林药模式大多采用集约化的精耕细作，有利于改良土壤理化性状，增加肥力，促进林木速生。合理的林药复合经营也能使林下套种的药材保持较高的产量。据报道：在稀疏林下套种白术，每亩种植 1 万株以上，干白术产量可达 100~150 kg；在林下套种板蓝根，每亩可收获鲜根 300~400 kg；在林下套种芍药，种植 3 年后收获，每亩可产鲜根 400~500 kg；在林下（4 m×8 m）套种药材菊花，每亩可获利 1 800 元。

（1）喜阴药用植物

喜阴药用植物在适度荫蔽下生长良好，不能忍耐强烈的直射光线，在完全日照下生长不良或不能生长，多生长于林下或阴坡。

①北沙参

伞形科植物珊瑚菜，多年生草本，以根入药。北沙参喜温暖湿润气候，抗旱耐寒，喜沙质土壤，忌水浸、连作、强烈阳光。用种子繁殖，春播宜在早春解冻后，秋播宜在上冻前；春播当年采收，秋播次年秋冬季采收。

②百合

百合科多年生草本球根植物，花、鳞状茎入药。百合喜凉爽潮湿环境，耐寒性稍差，忌干旱、酷暑，喜肥沃、富含腐殖质、土层深厚、排水性极为良好的微酸性沙质土壤，适宜在略荫蔽的环境下生长。繁殖方法有播种、分小鳞茎、鳞片扦插和分珠芽等，地上部分枯死后收获。

③天南星

天南星科植物狗爪半夏，多年生草本，药用部分为其块茎。野生于阴坡、山谷或林下潮湿肥沃的土壤中。喜冷湿气候和阴湿环境，怕强光，喜湿润、疏松、肥沃、富含腐殖质的壤土或沙质壤土，黏土及洼地不宜种植，忌连作。以种子繁殖和块茎繁殖为主，种子繁殖在 8 月上旬播种，块根繁殖在 4 月进行、于 10 月份采挖。

④半夏

天南星科多年生草本植物，为中国植物图谱数据库收录的有毒植物，以块茎入药。野生于山坡、溪边阴湿的草丛或林下。喜温和、湿润气候，不耐干旱，忌高温、暴晒，耐阴、耐寒，喜土壤湿润，以疏松肥沃中性的沙质壤土为宜，盐碱土、砾土、过沙、过黏以及易积水地不宜种植。采用块茎繁殖、珠芽繁殖、种子繁殖，种子繁殖和珠芽繁殖当年不能收获，用块茎繁殖当年能收获，黄淮地区一般"雨水"至"惊蛰"间栽种最宜，"秋分"前后叶子开始变黄绿时刨收。

⑤柴胡

伞形科多年生草本植物，根部入药。多生于沙质草原、沙丘草甸及阳坡疏林下，耐寒、耐旱，忌水浸，喜沙壤土或腐殖质土壤。采用种子繁殖，播种 2 年后秋季植株枯萎采挖。

⑥麦冬

百合科多年生草本植物，块根入药。喜温暖湿润环境，耐寒，忌烈日直射、高温和干旱。适宜种植在壤土类地块，黏土地和沙土地植株生长差。采用分株繁殖，每每株可分种苗 3~6 株，种植 2~3 年后收获。

⑦黄精

百合科多年生草本植物，根茎入药。生于山地林下、灌丛或山坡的半阴处。喜阴湿气候条件，耐寒、忌干旱，喜土层较深厚、疏松肥沃、排水和保水性能较好的壤土。以根茎繁殖为主，9~10 月边收获边分栽，栽后 3~4 年收获，秋季采挖。

（2）耐阴药用植物

耐阴药用植物是在光照条件好的地方生长好，也能耐受适当的荫蔽，或者在生育期间需要较轻度遮阴的植物。对光的需要介于阳生植物和阴生植物之间，在形态和生态上的可塑性很大。

①射干

鸢尾科多年生草本植物，块茎入药。喜温暖和阳光，耐干旱和寒冷，对土壤要求不严，以肥沃疏松、排水良好的沙质壤土为好，适宜中性壤土或微碱性土壤，忌低洼地和盐碱地。可用种子繁殖和块根繁殖，春播在"清明"前后进行，秋播在 9~10 月，栽种后 2~3 年收获。

②板蓝根

十字花科植物菘蓝，二年生草本，以根、叶入药，生于山地林缘较潮湿的地方。适应性很强，对自然环境和土壤要求不严，喜湿暖环境，耐寒、怕涝，喜疏松肥沃的沙质壤土，忌低洼地。采用种子繁殖，春播在 3 月下旬至 4 月上旬，夏播不迟于 6 月，次年秋季 11 月初采挖。

③紫苏

唇形科一年生草本，以茎、叶及子实入药。紫苏适应性强，对土壤要求不严，排水良好的沙质壤土、壤土、黏壤土均可栽培紫苏。3 月末至 4 月初露地播种，8~9 月收获。

④党参

桔梗科多年生草本，根部入药。生于灌木丛、林缘等。党参适生性很强，抗寒、抗旱，喜温和凉爽气候。采用种子繁殖，春播在 3 月份；夏播在 7~8 月份；秋播在地冻前，一般种植 2~3 年后地上部枯黄时收获。

⑤丹参

唇形科多年生草本，根部入药。生于山坡草地林边道旁，或疏林干燥地上。丹参适应性较强，喜阳光充足、温暖和湿润的环境，耐寒、耐旱、怕涝，喜土层疏松深厚、保水排水透气良好的沙壤土和冲积土。采用种子繁殖和分根繁殖，春播在"清明"前后，次年 12 月中旬地上部枯萎或第 3 年春萌发前采挖。

⑥薄荷

唇形科多年生草本，茎叶入药。薄荷适应性强，喜阳光充足但不直接照射到的阳光之处，喜温和湿润环境，根耐寒，土壤以疏松肥沃、排水良好的沙质土为好，过酸和过碱的土壤不能栽培薄荷。生产上大多采用根茎繁殖、插枝繁殖、分株繁殖等无性繁殖方式，栽植 1 次可连续 2~3 年采收。

⑦凤仙花

凤仙花科一年生草本，种子入药。常野生于荒地、路边等，适应性强，在多种气候条件下均能生长，一般土地都可种植，但以疏松肥沃的壤土为好，在涝洼地或干旱瘠薄地生长不良。用种子繁殖，北方 4 月播种，为防止种子成熟后迸出，在果实八成熟时开始采收，随采随收。

9.2.2.2 林菌模式

林菌模式是在林地间作食用菌，食用菌需散射光和阴凉多湿环境，林木生产的大株行距能为食用菌栽培提供生长空间，林木的树阴能为食用菌提供阴凉潮湿的栽培环境。菌类生长发育只需散射光，忌直射光，林内庇荫、湿润、凉爽的生态环境很适于培育。林下育菇有益于高效利用残余基料，促进林木生长。林菌模式能更有效、更充分地提高光能和土地资源的利用率，减少林地杂草；食用菌的栽培废料经处理后可作为林地肥料，提高林地肥力，实现生态的良性循环。

食用菌富含多糖、蛋白质、维生素、矿质元素等生物活性物质，氨基酸有 17 种。在速生林下间作种植食用菌是解决大面积闲置林下土地的最有效手段。食用菌生性喜阴，林地内通风、凉爽，为食用菌生长提供了适宜的环境条件；林菌模式可降低生产成本，简化栽培程序，提高产量，为食用菌产业的发展提供了广阔的生产空间；食用菌采摘后的废料又是树木生长的有机肥料，一举两得。速生林长到 4~5 年时，随着林子生长，树木郁闭度增加，林木下光线减少，不利于植物生长，这时就可以利用林荫下空气相对湿度大、光照强度低的环境种植食用菌。在人工林下进行反季节（夏季）栽培食用菌，经济效益显著。选择交通便利、水源充足、种植 3 年以上、行距 3 m 以上的速生林，树木行间搭建规格为宽 1~1.5 m、高 0.8~1 m 的小拱棚。在小拱棚内依次排入菌棒，每亩速生林地每年 1 季投入菌棒 1 万只，可栽植香菇、木耳等，也可以在树林（4 m×8 m）下大棚（8 m×30 m）种植蘑菇，每亩产值 2.4 万元，纯收入 5 000 元以上，经济效益显著。

林下食用菌品种有平菇、鸡腿菇、香菇、黑木耳、毛木耳、草菇。

9.2.2.3　林花模式

花卉主要有草本花卉和木本花卉，一般是在稀疏的林地中种植木本花卉，在密度较大的森林中或者果园中种植草本花卉。林下环境较潮湿，这种局部的林下小气候对于一些空气湿度、光照强度、含氧量、白天夜晚温度差距有要求的花卉具有得天独厚的优势，在林下、林间开展花卉种植，如康乃馨、非洲菊、玫瑰等。

9.3　滨海盐碱地林下种植注意事项

9.3.1　选择适应性强的品种

林地大多土层薄、肥力差、易干旱、易滋生荒草，因此林下种植种类应选择耐瘠薄、耐干旱、耐荒草的粗生易长品种，如林药模式中的柴胡、金银花等。此外，还要因地制宜考虑海拔、土壤、湿度、树龄大小、树木种类等因素。树龄较小的，可种植对光照条件要求较高的丹参等阳生植物；树龄较大的，可种植对光照条件要求不高的阴生植物。间作作物要与林木保持一定距离，一般在 50 cm 以上，以免过多地损伤幼树根系和竞争土壤水分，使树木的生长发育不受影响。

9.3.2　注重市场变化

滨海盐碱地林下种植时，在种类选择、种植布局、栽培技术、收获加工、包装储运等方面，要按市场要求运作，既要发挥地方优势，又要注重市场变化；既要防止不问市场的盲目发展，又要防止脱离实际"跟风攥价"。

9.4　典型案例

9.4.1　皂荚树下养殖金蝉

皂荚树是多功能生态经济型树种，是具有短期收益、多种收益、永续收益和高效收益的珍稀树种。皂荚树是我国特有的豆科皂荚属树种之一，属于落叶乔木；刺粗壮，圆柱形，常分枝，多呈圆锥状，皂刺多生长于枝条上。荚果带状，果肉稍厚，两面臌起；种子多颗，呈长圆形或椭圆形。皂荚树生长旺盛，抗逆性、适应性较强，在年降水 200 mm 以上的地区能正常生长，盛果期可达 300 年。皂荚树是典型的多功能特色经济林树种，具有重要的生态价值、经济价值和药用价值。皂荚树的皂仁、皂刺、荚皮、树根、树叶、木材都可开发利用，既可作为轻化工业和食品工业的重要原料林，又可作为珍稀名贵的木本中药材林。

皂荚树是较适合养殖金蝉的树种。金蝉营养丰富、味道鲜美，药用价值较高。每 100 g 金蝉成虫中含有蛋白质 72 g，是优质、健康的蛋白质来源；金蝉成虫中还含有钙、铁、锌、钾、磷等，吃金蝉还能够为机体补充人体所需的微量元素。

9.4.2　林下种植赤松茸

林下种植赤松茸可以实现水分互补。在生长过程中，赤松茸需要大量水分，但赤松茸自身只能吸收很少一部分水分，多余的水分可以灌溉林地，进而起到节水的作用。林下种植赤松茸的栽培基质为稻壳、玉米芯、木屑等，可以变废为宝，降低农业废弃物对生态环境的污染，进而有效净化环境。赤松茸采摘后的培养基废料是林地很好的有机肥，能够有效改善林下土壤质量，进一步提高土地肥力。林下种植赤松茸可以增加收益，还可以保护林地。

参考文献

［1］ 杨静，岳树旺，法杨，等.日照市林业产业发展现状、问题及对策［J］.农技服务，2019，36（12）：96-97.

［2］ 王云霖.浅谈我国林业产业现状、存在问题及发展对策［J］.中国林业产业，2019（Z2）：129.

［3］ 庭家庆.新常态下林业产业发展面临的问题及其解决对策［J］.南方农业，2019，13（2）：148-149.

［4］ 刘建林，赵威.海城市林业产业发展的问题与对策初探［J］.辽宁林业科技，2017（6）：72-73，76.

［5］ 张永贤.博爱县发展竹乡赤松茸的优点及市场评估［J］.河南农业，2019，（13）：15-16.

［6］ 周明亮.关于发展林下经济助推脱贫攻坚和生态文明建设的作用和建议［J］.农业与技术，2019，39（17）：160-161.

［7］ 刘洪琴，刘丽娟，李春鑫，等.大棚樱桃树下种植赤松茸的效应浅析［J］.北方果树，2020（2）：46.

［8］ 陈宝芳，毕研文，杨永恒，等.泰山四叶参开花习性观察及杂交技术研究［J］.中国农学通报，2010，26（14）：129-132.

［9］ 李娅，陈波.我国林下经济发展主要模式探析［J］.中国林业经济，2013（3）：36-38.

［10］丁国龙，谭著明，申爱荣.林下经济的主要模式及优劣分析［J］.湖南林业科技，2013，40（2）：52-55.

［11］郭兰香，李叶华，李玉琼.发展林下经济 促进林农增收［J］.中国林业，2012（6）：60

［12］黄文辉，王秀兰，吴小龙，等.新干县林下经济发展模式的思考［J］.中国林业经济，2012（5）：30-32.

［13］韩秋波，彭道黎.借鉴国外私有林管理经验探讨中国新农村建设集体林权制度［J］.世界农业，2010（1）：62-64.

［14］潘秀湖.广西林下经济发展前景探析［J］.农业与技术，2012，32（9）：120，131.

［15］钟小芹.安康市林下经济发展模式与方向［J］.现代农业科技，2013（4）：188，190.

［16］于小飞，吴文玉，张东升，等.林下经济产业现状及发展重点分析［J］.林业产业，2010，37（4）：57-59，62.

[17] 邓静飞，汪秀华.海南天然橡胶林下经济发展模式及对策研究 [J].中国热带农业，2013（5）：28-31.

[18] 奉钦亮，覃凡丁，陈建成.基于 SWOT-AHP 的广西林下经济发展战略选择研究 [J].林业经济，2011（11）：57-60.

[19] 严文高，张俊飚，李鹏.基于泰尔指数的林下经济产业发展时空差异研究——以全国 24 省（市）食用菌产业面板数据为例 [J].林业经济，2013（3）：75-79.

[20] 李旭涛.蜜蜂在林下经济发展中的优势与方式探析 [J].中国蜂业，2012，63：45-46.

[21] 刘琴.林下经济——土鸡养殖模式调研及效益分析 [J].安徽农学通报，2012，18（17）：189-190.

[22] 翟明普.对于林下经济若干问题的思考 [J].林业产业，2011，38（3）：47-49，52.

[23] 刘龙，李月霖，宁中华.平原林地放养鸡对生态环境的影响 [J].中国家禽，2010，32（17）：60-61.

[24] 张以山，曹建华.林下经济学概论 [M]. 北京：中国农业科学技术出版社，2013.

[25] 王红柳，岳征文，卢欣石.林草复合系统的生态学及经济学效益评价 [J]，草业科学，2010，27（2）：24-27.

[26] 罗艺，王阳铭，潘学华，等.林下生态养鸡合理密度探索 [J].上海畜牧兽医通讯，2012，（2）：39-40.

[27] 孟昭强.林下散养土鸡的饲养管理技术 [J].山东畜牧兽医，2012，33（2）：13-14.

[28] 王祖力，辛翔飞，王济民.少与人争粮、不与粮争地的林下养殖业发展——以广西肉鸡林下养殖业为例 [J].生态经济，2011（11）：134-136，140.

[29] 王正加，黄兴召，唐小华，等.山核桃免耕经营的经济效益和生态效益 [J].生态学报，2011，31（8）：2281-2289.

[30] 程世斌.陕西现代国有林场建设与发展研究 [D].杨凌：西北农林科技大学，2010.

[31] 刘婷霞，温国胜，邬枭楠，等.林下养鸡及其对林地的影响 [J].天津农业科学，2012，18（6），85-88.

[32] 王召伟，张玉华，张霞，等.皂荚树的应用价值及综合开发研究 [J].中国林副特产，2021（5）：80-81，84.